심플& 화이트 인테리어
SIMPLE&WHITE INTERIOR

KB248314

심플 & 화이트 인테리어
SIMPLE&WHITE INTERIOR

×

히요리 지음 | 안은희 옮김

BM 황금부엉이

시작하며

어린 시절 내 집에 대한 이상적인 이미지를 꿈꿔본 적이 있었다. 이제 실제로 집을 지을 수 있게 되자 그때의 이미지를 실현하고 싶었고, 다행히 많은 분들이 열의를 가지고 도와주었다. 그렇게 지은 집이기 때문에 애정을 가지고 소중히 여기자고 마음속으로 결심했다. 그때부터 15년이라는 시간을 들여 이제야 이상적인 공간이 만들어진 것 같다.

인테리어, 디스플레이, 수납, 살림, 물건 고르기 그 어느 한 가지도 소홀히 할 수 없었던 이유는 이 집을 소중히 여기고 싶은, 이 집에서의 생활을 즐겁게 만들고 싶은 바람에서였다. 무심한 일상의 한 조각, 이를 테면 아침에 일어나서 거실로 나왔을 때, 설거지한 그릇을 닦을 때, 캔들에 불을 붙일 때, 수납장 문을 열었을 때, 그런 순간들이 마음을 설레는 일이 되었으면 하는 그런 마음이다.

어느 날 남편이 아침 식사를 하면서 무심코 "나도 믿기지 않지만 휴일에 밖에 나가는 것이 아까울 정도로 집이 좋아."라는 말을 했다. 외출을 정말 좋아하는 남편의 그 한 마디에 우리들의 행복은 역시 이 집에 있다는 확신이 들었다.

우리가 소중히 여기고 있는 이 집에서의 생활을 '히요리의 모든 것'이라는 이름의 블로그를 통해 날마다 엮어 왔는데, 이렇게 한 권의 책으로 정리할 수 있는 기회가 생겼다. 거창한 것을 전하고 싶다거나 전할 수 있을 것이라고 생각하진 않지만, 이 책을 보면서 '역시 내 집이어서 좋다. 훨씬 더 좋아지도록 만들고 싶다.'는 생각이 들고 뭔가를 시작해보는 계기가 된다면 기쁠 것 같다.

'히요리의 모든 것'
simple & white 인테리어

---

contents

Part 1

My principles of interior design

심플 & 화이트 인테리어를 만드는 5가지 규칙

Part 2

My interior & storage systems

인테리어 & 수납 철저 해부

우리 집 프로필과 방 배치

1F

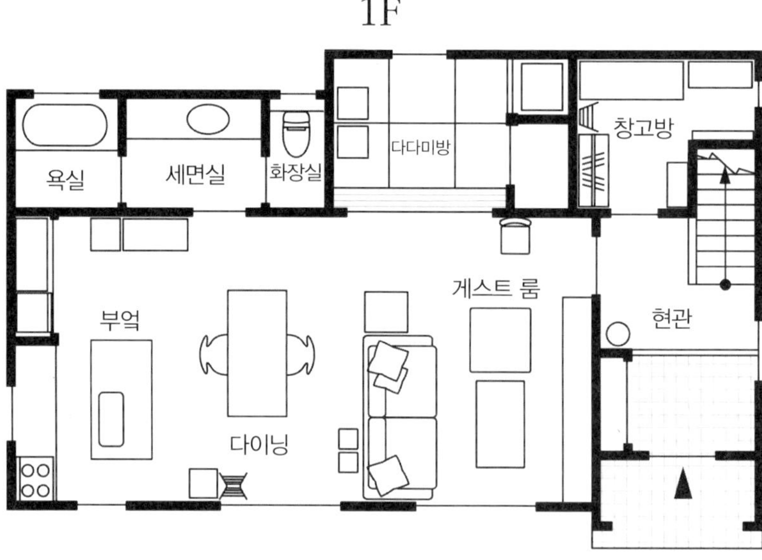

2F

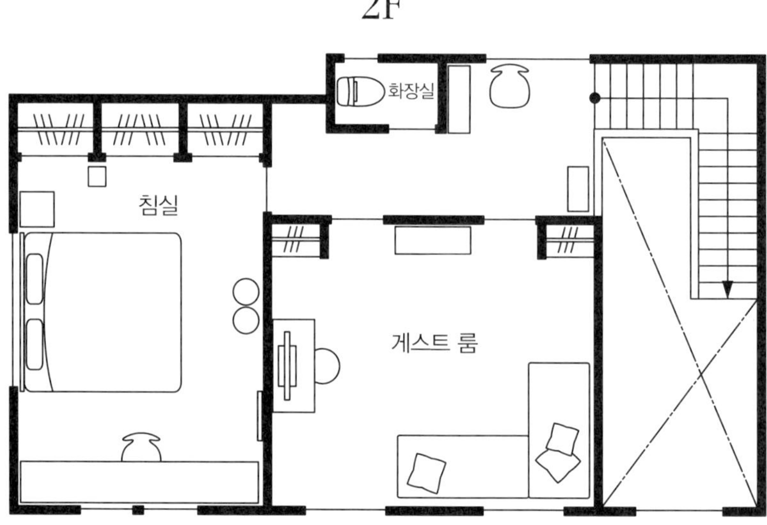

1999년에 시댁 마당에 지은 단독주택. 내부 장식 & 디자인을 중심으로
도쿄에 있는 인테리어 숍 「파일」에 의뢰했다.
2층은 건축사무실의 제안에 따라 창호, 벽재 등을 선택해 예산을 절감했지만
기본적으로는 「파일」의 디자인으로 완성한 집이다.

1

My principles of
interior design

심플 & 화이트 인테리어를 만드는
5가지 규칙

우리 집 인테리어를 완성해가면서
신경 썼던 점들이나 실천하고 있는 점들을 소개한다.
어떤 규칙을 정하고 신경 썼던 것은 아니지만,
시행착오를 겪는 과정을 통해 자연스럽게 실행하게 된 것들이다.

1

모든 베이스는 '화이트'로 맞추기

우리 집의 테마 컬러는 흰색이다. 처음부터 하얀 집을 만들고 싶었던 것은 아니었는데, 10대 때 구입했던《Pure Style》이라는 인테리어 관련 서적을 보다가 '내가 살고 싶은 집의 이미지는 바로 이거야!'라고 생각하게 되었다. 그 책에 등장하는 인테리어의 베이스가 화이트였다. 내 취향에 딱 맞는 내추럴한 분위기는 아니었지만, 흰색이 인테리어를 예쁘게 보이게 한다는 사실을 알게 해준 중요한 책이다.

내장뿐만 아니라 가구나 잡화도 우선은 흰 색상을 기본으로 고른다. 언뜻 보면 우리 집은 블랙이나 그레이가 훨씬 많다고 느껴질 수 있는데, 베이스가 흰색이기 때문에 블랙이나 그레이가 두드러진 결과다. 흰색은 다른 물건을 조용히 빛내주는 정말로 편리한 색상이다.

"더러움이 눈에 띄지 않을까요?" 하고 자주 묻는데, 먼지가 눈에 띄는 것은 오히려 짙은 색상이지 청소를 생각해도 흰색이 더 편하다. 단, 합성수지로 된 흰색 제품은 시간이 지나면 누렇게 변색되니 손때가 느껴지는 나무나 철제 같은 소재를 선택한다.

벽은 물론 식기장이나 세면실 문도 흰색을 선택했다. 식기장의 이미지가 하얗게 느껴지도록 강한 색상의 식기는 이곳에 넣지 않는다.

외국서적《Pure Style》(1996년 간행)의 첫 장. 흰색의 아름다움을 알게 해주고, 이후 우리 집 인테리어의 길잡이가 된 책이다.

벽면의 흰색이 살아나도록 경계
면에 물건들을 두었다. 무심결
에 물건을 놓을 때도 있지만 깔
끔하게 보이는 흰 면적이 줄지
않도록 항상 주의한다.

2

사소한 것까지도 신경 쓰기

늘 생활하고 있는 장소라서 조금만 긴장을 늦추면 생활감이 생기곤 한다. 가능한 한 사소한 것까지 신경 쓰고 있는데, 예를 들면 시판되고 있는 상품의 용기나 포장, 색상은 제각각이기 때문에 작은 물건이라도 눈에 띄기 마련이다. 그래서 심플하고 멋진 디자인의 병을 골라 바꿔 넣은 후 공간에 매치시킨다.

사소하긴 하지만 스위치 커버도 그중 하나이다. 집 전체를 생각하면 차지하는 면적은 결코 크지 않지만 집안 곳곳에 있기 때문에 항상 눈에 들어온다. 전에는 흰색 합성수지로 된 제품을 썼었는데 시간이 지나자 누렇게 변해버렸다. 그대로 쓰자니 볼 때마다 신경이 쓰여 질감 좋은 알루미늄 제품으로 교환했더니 공간이 질적으로 한층 향상된 느낌이 들었다.

그 외에도 색상이 맞지 않는 박스에 페인트칠을 하는 등 공간에 어울리지 않다고 느껴지면 내 손으로 직접 개선한다. 볼 때마다 '좀 별로야.'라는 기분이 드는 것이 싫기 때문이다. 이렇게 사소한 것이 시간과 함께 쌓이고 쌓이다 보면 가슴 설레는 공간이 만들어져 인테리어의 레벨이 한층 올라간 기분이 든다.

부엌 싱크대에 놓인 세제. 「무인양품」 용기에 바꿔 넣어 사용하고 있다. 상품마다 제각각인 포장용기가 보이지 않는 것만으로도 깔끔하다.

책장에 넣은 목제 파일박스. 나뭇결을 그대로 살린 상품이라서 공간에 맞도록 흰색으로 페인트칠했다.

알루미늄 실버 색상이 예쁘고, 닿았을 때 질감도 좋은 스위치 커버로 교환. 「웨스트」의 Agaho라는 브랜드 제품이다.

'객관적인' 시선을 항상 의식하기

나는 인테리어를 공부한 적도 관련된 일을 해본 적도 없다. 프로가 아니기 때문에 자신의 감각을 과신하지 않고 항상 냉정한 눈으로 객관적인 시선을 잊지 않으려고 노력한다.

물건을 살 때 귀엽다거나 혹은 멋있어서 구입하게 되는 것은 모두 같을 것이다. 하지만 나는 반드시 한 걸음 멈춰 서서 우리 집에 놓았을 때 이것이 어떻게 보일지를 상상한다. 거기에 놓으면 어떨까, 여기에 놓으면 어떨까 이리저리 머리를 굴리며 생각하다가 어울리지 않을 것 같으면, 아무리 그 물건 자체가 멋지다고 해도 사지 않는다. 이런 식으로 물건을 고르면 인테리어에서 실패할 확률이 낮아진다.

객관적인 시선을 갖기 위한 훈련으로 권할 만한 또 하나의 방법은 집안 여기저기의 사진을 찍는 것이다. 블로그를 시작하면서 나는 우리 집 인테리어 사진을 자주 찍게 되었다. 우선 마음에 드는 물건을 찍고 나서, 조금 떨어져서 코너를 찍고, 그리고 전체를 찍는다. 이 작업을 반복하는 사이에 객관적인 안목을 갖는 힘이 조금씩 늘었던 것 같다.

블로그용 사진을 찍는 일에 빠지다 보니 좀 더 좋은 카메라가 갖고 싶어졌다. 여러 제품을 검토한 결과 최종적으로 「올림푸스」 OM-D E-M1을 선택했다.

사진을 블로그에 올리면 더 객관적인 안목이 생긴다. 사진을 찍을 때는 미처 알지 못했던, 놓친 부분도 눈에 들어온다.

물건 하나를 촬영할 때도 근거
리, 중거리, 원거리 촬영으로 반
드시 수많은 패턴의 사진을 찍는
다. 그렇게 하면 내 안의 객관적
인 안목을 키우는 기분이 든다.

수납에 연속성의 미(美)를 도입하기

인테리어를 깔끔하게 유지하기 위해 수납은 피할 수 없는 과제이다. 우리 집은 부부 둘이서 생활하는 단독주택이기 때문에 수납공간이 비교적 여유로운 편이지만, 그렇다고 수납을 대충 하려는 생각은 하지 않는다. 실제로 아무리 창고나 저장 공간이 넓어도 다양하게 궁리하지 않으면 수납공간을 다 살리지 못하기 때문이다.

수납에서 특히 신경 쓰고 있는 것은 '예쁘게 보이나?'이다. 문을 열 때마다 지저분한 모습을 봐야만 한다면 역시 기분 좋지는 않을 것이다. 문을 열었을 때도 조금은 두근두근 가슴 설레는 곳이라면 좋을 것 같다.

그러기 위해서는 수납용품을 가지런히 정리하는 것이 가장 빠른 방법이다. 같은 물건을 연속해서 나란히 놓으면 질서정연하고 깔끔하게 보인다. 같은 상자에 넣기만 해도 쓸데없는 디자인이나 문자 정보를 가릴 수 있고, 모양이 고르게 되어 쌓기도 쉬워진다. 물건을 분류하여 정리할 수도 있기 때문에 수납법으로도 우수하다. 상자나 병이 제각각이라면 같은 제품으로 맞추는 것부터 시작하기를 추천한다.

왼쪽: 창고 안에 있는 스틸랙 한 칸은 검은 서류박스를 두어 종이류 물건을 정리한다. 안에 들어 있는 물건을 쉽게 알아볼 수 있도록 라벨도 붙였다.
오른쪽: 소금, 설탕, 마른미역 등 봉투로 판매되는 것들은 투명한 보존용기에 옮겨 담아 수납한다. 보기에 예쁠 뿐만 아니라 찾아 쓰기도 쉽다.

거실 하얀 선반의 아래 칸은 잡지나 인테리어 카탈로그 같은 것들을 넣어두는 곳. 흰색 파일에 분류하면 예쁘게 수납할 수 있다.

조미료도 같은 시리즈의 병에 옮겨 담는다. 나란히 놓인 모습이 예뻐서 기분 좋게 꺼내고 넣을 수 있다. 「이와키」 SV 시리즈.

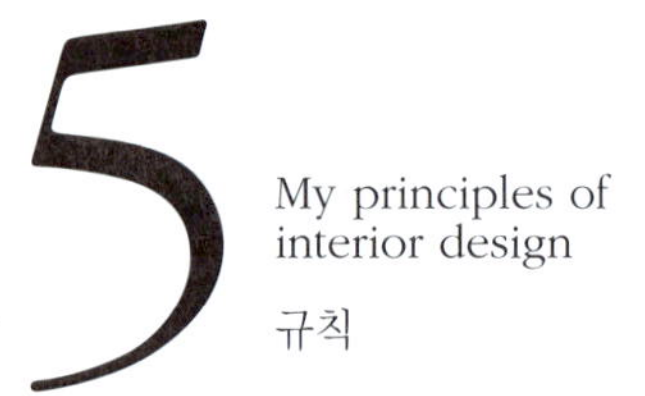

'소재'는 인테리어의 중요한 요소

집을 지을 때 특히 소재에 신경 쓰고 싶었다. 흰색을 베이스로 한 인테리어를 생각했던지라 시간이 지나면서 누렇게 변색되는 건 아닐까 우려했기 때문이다. 예산 문제도 있어서 집 안 전체에 하지는 못했지만 1층은 원목 메이플 목재를 바닥에 깔고, 벽은 회반죽으로 마무리했다.

메이플 목재를 골랐던 이유는 시간이 지나면서 누런색이나 황갈색으로 변하는 목재가 많은데 비해, 비교적 원래의 하얀 이미지를 유지한 채 멋스럽게 변하는 소재이기 때문이다. 회반죽벽은 습도조절 작용이 있어 공기가 상쾌하게 느껴진다. 만졌을 때의 질감이나 그 공간에 있을 때 기분 좋게 느껴지는 점 등은 인테리어를 좌우하는 중요한 요소라고 생각한다.

가능한 한 합성수지 제품을 피하려고 했지만 가전제품처럼 피할 수 없는 물건도 있다. 이것 역시 오래 사용하는 제품이라서 자연 소재에 비하면 변색될 수 있다. 소재의 중요함을 다시 한 번 느끼게 된다.

LDK(거실, 다이닝, 부엌의 약자)와 현관, 계단 주변은 회반죽벽으로 마감했다. 빛이 비쳤을 때 모양이 예쁘고, 소재가 가진 매력을 날마다 즐길 수 있다.

가구는 자연목을 기본으로 하지만 가끔 스틸로 된 물건도 선택한다. 서로 다른 소재가 주는 여러 가지 느낌을 좋아하기도 하지만 시간이 지나도 변하지 않고 예쁘다는 점이 스틸을 선택한 이유이다.

나뭇결이 눈에 띄지 않고, 흰빛
을 띠는 색상이라는 조건으로
선택한 원목 메이플 목재. 여름
은 뽀송뽀송, 겨울은 따뜻하게
느껴지는 것도 원목 바닥이라서
좋은 점이다.

내가 인테리어 정보를 얻는 곳 중의 하나인 잡지나 책을 수납하는 책장. 「이케아」 선반을
이용해 2층 복도에 편안한 코너를 만들었다.

'히요리의 모든 것' 블로그에 내가 실제 생활에서 사용해보고 마음에 드는 물건을 소개하는 내용이 많아졌다. 그러다 보니 내가 선택하는 물건을 좋다고 생각해주거나 블로그를 응원해주는 분들이 조금씩 늘어가는 것을 실감하는 요즘이다.

나는 스타일리스트도 바이어도 아니라서, 신상품 전시회나 발표회에 참가해 새로운 정보를 얻는 것은 아니다. 어디에서 정보를 얻는지에 관해 자주 질문을 받는데, 특별한 것은 없다. 단, 잡지의 정보량은 압도적인 것 같다. 패션 잡지, 남성 잡지, 라이프스타일 잡지 등을 체크하는데 인터넷에서는 절대 얻을 수 없는 정보가 잔뜩 쌓여 있다. 좋아하는 브랜드의 카탈로그나 공식 홈페이지도 정보의 보물창고이고, 인테리어 숍 매장 앞도 역시 정보로 넘쳐나고 있다.

책이나 인터넷을 통해 해외 인테리어 사진도 자주 본다. 읽을 수 없는 외국 글자들은 어쩔 수 없지만, 사진을 찬찬히 보면서 놓여 있는 물건에 주목한다. 덕분에 잡지에서 봤던 물건이 일본에 들어오면 바로 알아볼 수 있게 되었다.

2

My interior &
storage systems

인테리어 &
수납 철저 해부

일상생활을 즐기고 싶다면 인테리어와 수납, 둘 다 중요하다.
거실, 다이닝, 부엌, 침실 등 장소별로
우리 집 전체 인테리어를 보여주면서
수납법에 대해 소개하고자 한다.

다크그레이 소파 덕택에 차분한
공간이 되었다. 하얀 선반 위는
장식을 많이 하지 않도록 신경
써서, 새하얀 벽의 아름다움을
충분히 즐길 수 있도록 했다.

텔레비전을 걸 수 있도록 벽 뒷면을 보강해 놓기는 했지만, 텔레비전이 없는 풍경이 좋아 설치하지 않은 채 15년을 생활하고 있다.

텔레비전을 놓지 않는 외국 잡지 같은 거실로

이 집에서 내가 가장 좋아하는 곳은 거실인지도 모르겠다. 우리 집 1층은 거실, 다이닝, 부엌으로 구역을 나누고는 있지만, 실제로는 하나로 연결되는 공간. 그래서 기분 전환을 할 수 있도록 다른 공간에 비해 다크한 색상의 비중을 크게 잡았다. 부엌이나 다이닝에서는 서서 일하는 경우가 많지만, 거실은 편안히 지내기 위한 장소라서 다크그레이를 두었더니 한결 차분한 공간이 되었다. 부엌에 서서 이곳을 바라보는 것도 아주 좋아하는데 보기만 해도 치유가 되는 기분이다.

흰색 선반은 신축할 때 「파일」에 부탁해서 만든 가구이다. 하얀 벽과 잘 어울려서 베이스 컬러인 흰색의 아름다움이 느껴지는 것은 아닐까? 텔레비전이 없는 인테리어에 동경이 있었기 때문에, 이 선반에는 텔레비전을 놓지 않기로 했다. 텔레비전이 주는 편리함보다 좋아하는 풍경을 우선으로 선택한 결과이다. 어두운 색상과 대비시키기, 텔레비전 놓지 않기, 이 두 가지 덕택에 흰색이 보다 눈에 띄는 것 같다.

질 좋은 소재감에 신경 쓰기

거실 선반 왼쪽에는 심플하지만 좋은 질감을 느낄 수 있는 아이템을 두었다. 트레이는 스틸, 벽의 오브제는 유리, 거울은 구리색이 멋지게 보여서 구입했다. 모두 강한 색상이 아니라서 모던하지만 차가운 느낌이 들지 않고 따뜻한 분위기가 감도는 코너가 되었다.

디스플레이를 겸한 수납하기

캔들 스탠드는 정말 좋아하는 인테리어 아이템 중 하나이다. 물론 캔들을 꽂는 원래의 용도로도 많이 사용하지만, 이 캔들 스탠드는 캔들이 없어도 예뻐서 그 자체로 장식용 소품으로 사용하기도 한다. 자주 사용하는 액세서리를 걸어놓기에도 편리하다.

화이트의 통일감에서 태어난 미(美)

선반 오른쪽에는 캔들 스탠드만 놓았다. 공간이 있다고 뭐든지 놓아 꾸미려고 하면 물건 각각의 특징이 살아나지 않기 때문에 '여백'을 남기는 것에 항상 신경 쓰고 있다. 선반, 캔들 스탠드, 캔들 전체를 흰색으로 통일시키면 심플하고 세련된 아름다움이 표현된다.

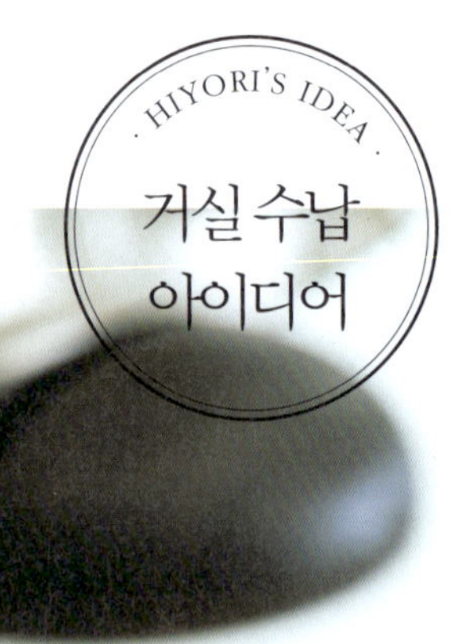

거실은 편안하게 쉬는 장소이기 때문에,
다른 장소보다도 더 수납에 아름다움을 추구해야 한다

사용 빈도가 높은 액세서리는 사진처럼 체스트 위에 둔다. 집에 돌아와 바로 2층 침실까지 가서 정리하는 것이 귀찮기 때문에 여기가 편하다.

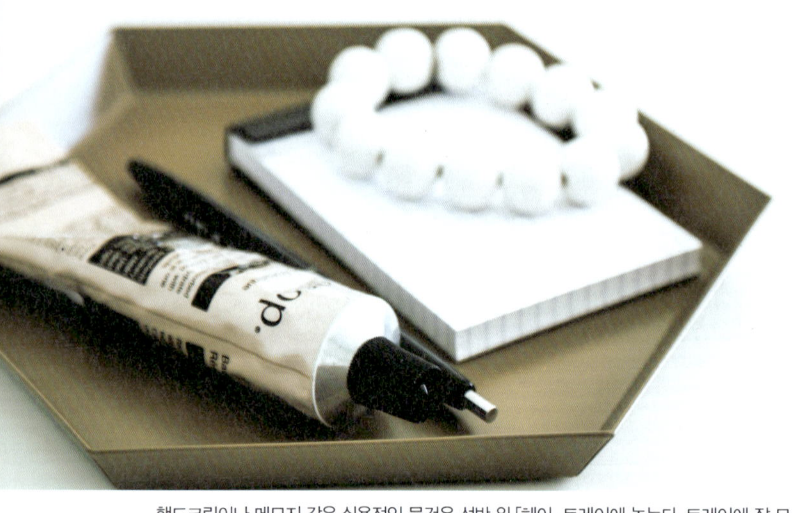

핸드크림이나 메모지 같은 실용적인 물건은 선반 위 「헤이」 트레이에 놓는다. 트레이에 잘 모아 놓기만 해도 정리된 느낌을 준다.

소파 옆에 있는 작은 체스트에는 파우치 주머니나 편지지 세트 같은 것을 수납했다. 일상생활에서 자주 사용하는 티슈도 이곳에 수납하면 깔끔하다.

잡지나 카탈로그 등을 선반에 직접 놓으면 높이가 제각각이라 깔끔하게 보이지 않는다. 이럴 때는 하얀 파일박스에 분류해서 수납한다. 파일 앞면이 말끔하게 가지런한 이유는 안쪽에 티슈박스를 놓아 그 이상 안쪽으로 밀려들어가지 않도록 했기 때문이다.

접착식 청소 롤러, 줄자 등 소소한 것들은 소파 옆 케이스에 넣어 두었다가 바로 사용할 수 있도록 했다. 휴대전화나 태블릿PC 충전코드도 이곳에 넣어 보관한다.

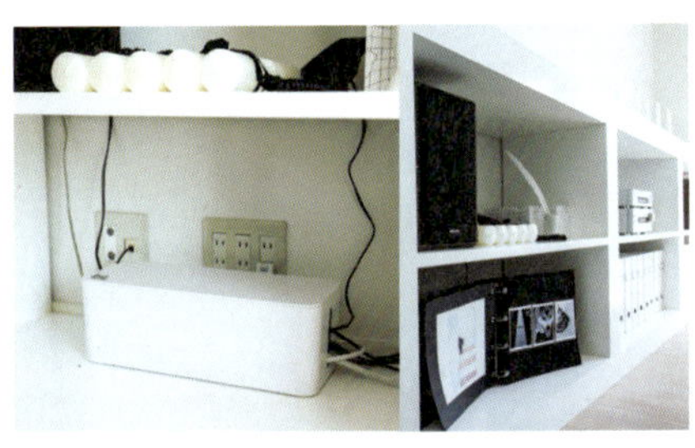

코드는 전용 케이블 박스에 숨긴다. 코드를 뺄 수 있도록 양옆에 틈새가 있어서 깔끔하게 넣을 수 있다. 게다가 바로 앞에 앨범을 장식하면 박스 자체도 가릴 수 있다.

핸드메이드 바구니에는 블로그 촬영에 필요한 카메라 관련 용품을 수납했다. 자주 사용하는 물건이라서 바로 손에 닿을 수 있도록 의자 위에 놓았다.

여름에도 겨울에도 느긋하게 쉴 때 빠지지 않는 담요는 다다미방 쪽에 있는 「톨릭스」 의자 위에 놓았다. 물건마다 각각의 자리를 정해두기만 해도 방을 깔끔하게 쓸 수 있다.

거실이 어질러지지 않도록 '이동상자'를 사용한다

나중에 2층으로 가져가야 할 물건이 거실에 놓여 있으면 지저분해지는 원인이 된다. 우리 집에서는 아예 1층과 2층을 오가는 이동상자를 준비해서 어질러지는 것을 방지했다.

① 이동상자로 가장 많이 옮기는 것은 세탁물. 1층에서 개서 2층에 갈 일이 있을 때까지 이동상자 안에 둔다. 2층에 보관해둘 서류 같은 것도 일단 이곳에 넣는다.

② 「무토」 펠트바스켓은 가볍고 튼튼하다. 수납력도 좋아 한 번에 많은 물건을 옮길 수 있어서 애용하고 있다.

③ 침실 옷장 앞 스툴에 바스켓을 놓고 세탁물 등을 넣어 정리한다. 이번에는 2층에서 가지고 내려오고 싶은 물건을 넣어서 다시 아래층으로 가지고 온다.

테이블은 「파일」, 의자는 「아르
네 야콥센」의 세븐체어. 테이블
밑에는 그레이 컬러 러그를 깔
아 거실과 색상이 이어지도록
했다.

조명의 위치를 낮게 잡았다. 테이블과의 밸런스가 잘 맞는다는 점과 빛이 직접 눈으로 들어오지 않아 눈부심이 적다는 점이 위치를 낮춘 이유이다.

다이닝을 다양한 용도로 사용한다

내가 가장 긴 시간을 보내는 곳이 다이닝이다. 식사뿐만 아니라 잡지를 읽는다든가 핸드메이드 작업을 하는 곳도 이곳이다. 밤에는 캔들을 켜 테이블 위에 올려두고 여유를 부리는 것도 다이닝에서 보내는 가장 좋아하는 시간이다.

꽃, 캔들, 오브제 등 넉넉한 크기의 테이블이라 항상 테이블 가장자리에 뭔가를 장식하고 있다. 다이닝에 앉아 있을 때 가장 먼저 눈에 들어오는 곳이라서 그때그때 좋아하는 계절 아이템을 장식하는 일이 많은 건지도 모르겠다.

창문 앞 공간이나 반대편 벽도 중요하게 여기는 디스플레이 공간이다. 거실 쪽에는 별로 놓지 않는 화분이나 포스터를 다이닝 쪽에 장식하는 일이 많아졌다.

당연히 테이블 위가 어질러져 있을 때도 있지만, 밤에 자기 전에 하루에 한 번은 다시 원래대로 정리하도록 신경 쓰고 있다. 아침에 일어나서 2층에서 내려왔을 때 테이블 위가 정리되어 있으면 '역시 이 집이 좋구나!' 하는 생각이 들어 기분이 좋다.

접사다리는 식물을 장식하기에 안성맞춤!

창문 앞 공간에 화분을 장식하는 것이 요즘 단골 아이템. 화이트×그레이×블랙만 있으면 차가운 분위기가 되기 쉬워서 일부러 자연스러운 나무 접사다리를 조화시켰다.

악센트컬러인 블랙으로 포인트 주기

창문 반대쪽 벽 앞에는 작은 가구나 포스터 프레임을 조화시켜 디스플레이한다. 프레임과 캔들 홀더의 블랙 색상이 인테리어를 돋보이게 해준다. 화이트×블랙만으로 하지 않고 내추럴한 색상이나 연한 핑크 색상을 살짝 추가해 따뜻한 분위기를 더하는 것이 내 방식이다.

창문 앞에 트레이 테이블을 놓아 식물을 장식하기도 한다. 사실은 식물을 잘 키우지 못하기 때문에 요즘은 조화로 장식하고 있다.

'사용할 장소에 사용할 물건'을 기본으로
꺼내기 쉽게, 보기도 산뜻하게!

창문 쪽에 있는 그레이 스틸랙 하단에는 식기장에 들어가지 않는 큰 접시를 수납하고 있다. 식기에 흠집이 생기지 않도록 완충재를 사이사이에 끼워 넣었다.

사용하기 정말 편리한 다이닝테이블 서랍. 부엌 쪽 서랍에는 커트러리를 수납한다. 「케유카」의 소품케이스는 모서리가 직각이라 딱 맞게 들어가서 애용하고 있다.

블랙 고무바구니에는 주방용 행주를 수납한다. 세워 넣으면 한눈에 들어와 고르기 편하다. 평소에는 위에 흰색 행주를 덮어 깔끔하게 보이도록 한다.

거실 쪽 서랍에는 문구류를 수납한다. 에어컨 리모컨도 여기에 보관. 서랍을 열어 놓은 채 사용할 수 있도록 되어 있다.

발밑 바구니에는 쿠션이나 무릎담요를 수납한다. 인테리어 느낌도 귀엽고 의자에 장시간 앉아 있을 때 허리받침으로도 사용하기 때문에 이곳이 편리하다.

식기장 아래 칸에는 모양이 제각각이라 예쁘게 포개지지 않는 식기를 바구니에 넣어서 수납한다. 그대로 놓는 것보다 수납력도 훨씬 좋고, 꺼내고 넣기도 편리하다.

다이닝 쪽에서 전체를 한눈에
볼 수 있는 오픈 주방이라서 물
건을 놓을 때 어떻게 보일지 신
중히 생각하고 있다. 부엌에 잘
어울리는 것을 고르는 것이 포
인트이다.

부엌에 생활감이 별로 느껴지지 않는 이유 중 하나는 냉장고를 문 안으로 숨겼기 때문이다. 보이는 것과 보이지 않는 것에는 큰 차이가 있는 것 같다.

부엌은 모든 것의 시작이고 노력의 원천이다

부엌은 이 집의 얼굴이라고 말할 수 있는 곳이다. 이런 부엌이 있는 공간에 살고 싶어서 집을 짓기로 결정했을 정도이다. 「파일」에 식기장을 보러 갔다가 전시되어 있던 이 부엌을 보고는 첫눈에 반해버렸다. 그 후 20년 가까이나 시간이 흘렀지만 지금도 여전히 이 부엌 디자인에 흠뻑 빠져 있다. 처음에는 전시된 그대로 몽땅 주문하려고 했었는데, 계산해보니 완전히 예산 초과였다. 그나마 전시품을 싸게 구입했기 때문에 첫눈에 반한 이 부엌이 그대로 우리 집에 오게 된 것이다.

이 상태를 계속 유지하고 싶어서 청소도 더 열심히 하게 되었다. 설치하고 15년이 지났지만, 이제는 식사 준비부터 설거지를 끝내고 반짝반짝 닦아낼 때까지가 완전히 한 세트의 과정이 되었다. 습관으로 자리 잡은 것이다.

깨끗한 화이트 부엌이기 때문에 그 분위기를 망치지 않으려고 놓아두는 물건의 색상까지도 신경 쓰고 있다. 화이트와 실버를 기본으로 블랙을 악센트로 정했다. 부엌 전체를 봤을 때 예쁘게 느껴질지 아닐지가 사용할 부엌 도구를 고르는 기준이다.

부엌 인테리어 아이디어

플레이트로 벽 장식하기

마음에 드는 「아스티에 드 빌라트」의 작은 플레이트. 뒷면에 플레이트 와이어를 달아서 벽에 걸었더니 언제든지 보면서 즐길 수 있게 되었다. 부엌은 디스플레이하기에 쉬운 장소는 아니지만, 식사에 사용하는 플레이트라면 자연스럽게 장식할 수 있다.

수납용품을 오브제로 이용하기

북유럽 인테리어 브랜드인 「헤이」 제품. 원래는 수건이나 스툴 같은 것을 걸 수 있는 제품인데, 나는 3개를 함께 붙여 오브제 스러운 느낌을 살려 사용하고 있다. 와이어 냄비받침을 장식하듯 수납했더니 원이 벽에서 톡 튀어나와 있는 느낌이 귀엽고, 꽤 괜찮은 벽의 악센트가 되었다.

아일랜드 선반은 디스플레이용 수납으로!

다이닝 쪽에서 전부 다 보이는 아일랜드 선반 부분은 수납용이기도 하지만 디스플레이 요소가 강한 장소이기도 하다. 숍 디스플레이를 참고해 블랙을 악센트 컬러로 두어 돋보이게 했다.

부엌 수납 아이디어

부엌 밑(냉장고 쪽)

① 사용빈도가 높은 조리용 도구를 모아 정리한 서랍. 자주 사용하는 물건만 엄선해서 사각접시나 트레이를 이용해 정리했다.

② 커트러리를 모아 정리한 서랍. 종류별로 수납하고 있어 필요한 물건을 바로 꺼낼 수 있다.

③ ㄷ자 랙을 이용해 2단으로 수납하기.

④ 서류케이스에 제과용 틀 수납하기.

⑤ 조리에 사용하는 유리볼 종류.

⑥ 사용빈도가 낮은 부엌칼 & 나이프 꽂기.

⑦ 콩소메, 치킨스톡이나 월계수 잎 등을 바로 꺼낼 수 있는 랙에 넣는다. 위에서 봐도 안의 내용물을 바로 알 수 있도록 라벨을 붙인다.

⑧ 조미료들은 1.8L병처럼 큰 사이즈로 구입한다. 사용하기 편하고 깔끔하도록 같은 모양의 병에 덜어 채우고, 남은 것은 안쪽에 수납해 놓는다.

⑨ 자주 사용하는 간장, 식초, 오일 종류는 앞쪽에 수납한다.

부엌 밑(가스레인지 쪽)

⑩ 사용할 수 없는 장식용 서랍.

⑪ 핸드믹서기는 「무인양품」 케이스를 이용해서 수납한다.

⑫ 타진 냄비. 뚜껑에는 계량컵을 걸었다.

⑬ 거품기, 튀김젓가락 같은 도구는 세워서 수납한다.

⑭ 「크리스텔」 냄비. 쓸 때마다 찾지 않도록 떼었다 붙였다 할 수 있는 손잡이도 옆에 놓기.

⑮ 프라이팬 스탠드를 이용해서 프라이팬, 소쿠리, 중화냄비를 꺼내고 넣기 쉽게 수납한다. 냄비 뚜껑도 세웠더니 사용하기 편하다.

사용빈도 등을 고려해
모든 물건을 지정 장소에 말끔하게 수납하기

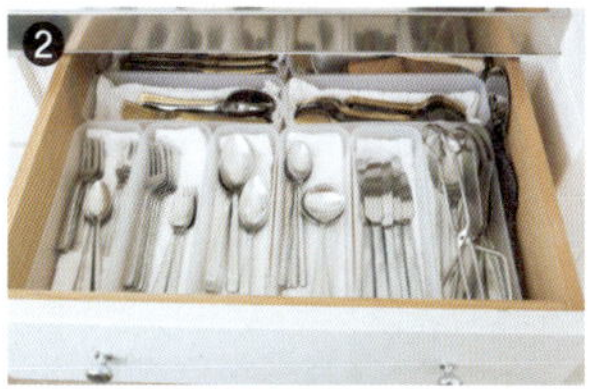

HIYORI'S IDEA

부엌 수납 아이디어

보이는 곳은 철저하게 '보이는 수납'으로!
어질러지기 쉬운 물건은 보이지 않는 아일랜드 식탁 밑에 두기

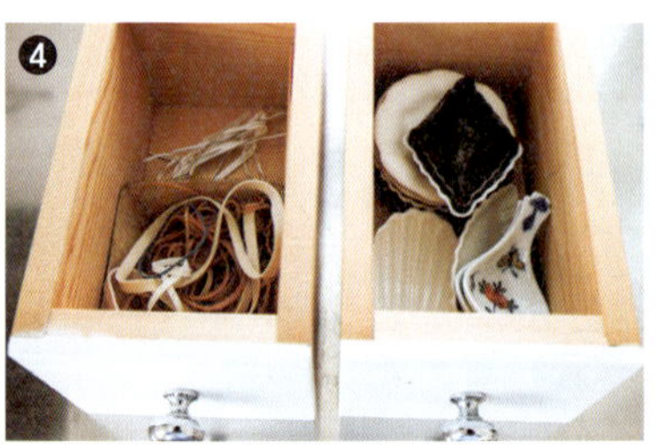

싱크대 찬장

① 앤티크 보관통은 장식과 수납에 안성맞춤. 손님용 핸드타월을 수납했다.
② 여기에는 병뚜껑이나 봉투클립을.
③ 눈에 띄는 위치이기 때문에 와인잔을 수납해서 깔끔하게 보이도록 했다.
④ 작은 서랍에는 작은 접시나 고무밴드, 봉투 묶는 철사끈을 수납. 자잘한 물건

이라도 보관장소가 정해져 있기 때문에 헤매지 않고 바로 정리할 수 있다.
⑤ 유리문이 없어 손이 닿기 쉬운 위치에 있는 선반이라 자주 사용하는 조미료와 스테인리스나 블랙으로 된 깔끔하게 보이는 물건들을 수납하고 있다.

카운터 위

커피메이커 옆 식빵 케이스에는 커피 카트리지를 넣었다. 원래 용도에 얽매이지 말고, 입구가 넓은 장점을 살려 활용하자. 전체가 한 눈에 보기 편해졌다.

아일랜드 식탁 밑

① 테이블 매트를 포개서 수납한다.

❷ 밥솥과 밥통은 세트로 둔다.

② 이 안에는 청소에 사용하는 멜라민 스펀지를 보관하고 있다. 청소용품도 보존병에 넣어 멋지게 수납한다.

③ 쌀은 밥솥 바로 옆에.

④ 채소를 씻기 위한 브러시는 서류케이스에 걸어서 수납한다.

⑤ 사용횟수가 많은 밥그릇, 국그릇, 찻잔은 식기장까지 옮기지 않고 손쉽게 꺼내고 넣을 수 있는 위치에 둔다. 케이스에 정리해서 꺼내고 넣기 쉽게 했다.

⑥ 쓰레기통도 아일랜드 선반 안에 수납했다. 다이닝 쪽에서는 전혀 보이지 않는 위치라서 생활감이 묻어나지 않는다.

⑦ 도마나 트레이는 목제 접시정리대를 이용해 세워서 수납. 한 손으로도 넣고 꺼낼 수 있어 편리하다.

⑧ 오픈 주방에는 브러시 등을 걸어둘 만한 장소가 없기 때문에, 타월걸이 끝에 걸어서 수납. 알코올 스프레이도 여기가 편리하다.

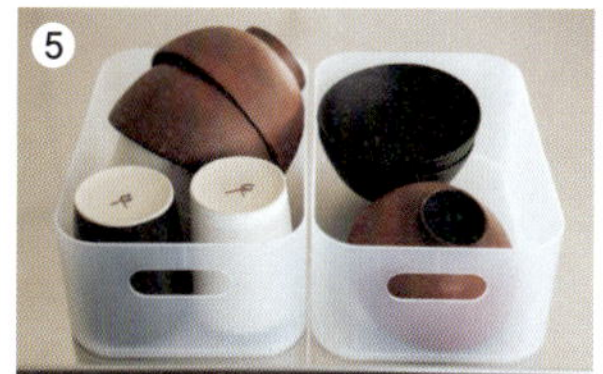

가스레인지 쪽 벽

집을 지었을 때 설치한 가스레인지 쪽 주방걸이에는 실버나 블랙 등 보여도 예쁜 도구를 엄선해 걸어서 수납한다.

보이지 않는다고 소홀히 하지 않고, 문을 열었을 때에도 기분 좋은 상태로

· HIYORI'S IDEA ·

부엌 수납 아이디어

팬트리

냉장고도 넣을 수 있도록 설계한 팬트리. 처음 집을 지을 때 붙박이로 설치했던 선반은 떼어내고, 선반 위치를 조절할 수 있는 스틸선반을 짜 넣었다. 수납은 집 꾸미기 단계에서 결정하기 어렵기 때문에 살면서 만들어가는 것이 최선이라고 생각한다.

아무리 깔끔하게 유지하려고 신경 써도 어느 정도 생활감이 묻어나기 때문에 문은 정말 고마운 존재이다. 닫으면 순식간에 깔끔!

안이 보이는 식빵 케이스 5개를 나란히 놓으면 선반 폭에 딱 맞아 수납에 활용하기 좋다. 앞쪽과 안쪽을 합해서 총 10개를 사용하고 있다.

식빵 케이스 안에는 여러 가지를 수납하고 있는데, 함께 사용할 것들이나 같은 종류를 한데 모아 놓았다.

디자인이 예쁜 홍차 캔도 수납용품으로 자주 활용한다. 과자를 구울 때 사용할 머핀 종이컵 사이즈가 딱 맞는다.

자잘한 물건을 수납할 수 있도록 서랍식으로 된 작은 스틸랙을 넣었다. 향신료 종류를 정리하기에 좋다.

랙 측면에 걸어 놓은 검정 가방은 재활용으로 내놓을 우유팩 보관장소. 스틸랙은 걸어서 수납할 수 있어서 편리하다.

냉장고에 넣을 물건만 꺼내고, 쇼핑 봉투는 우선 이 후크에 걸어 놓는다. 카운터 위에 물건이 놓인 채로 있는 것을 방지할 수 있다.

스틸랙의 맨 아래 칸은 공간을 크게 확보해서 이동식 왜건을 넣었다. 위에는 제빵기를, 아래에는 과자와 빵 재료를 한데 모아 수납하고 있다.

왜건 왼쪽에 선반 위치를 자유롭게 조정할 수 있는 스틸랙을 추가 설치했다. 높이를 낮게 조정해서 컵을 나란히 수납하는 장소로 정했다.

팬트리 앞 전자레인지 받침대 밑에는 바구니를 이용해서 수납한다. 위부터 건어물 & 과자, 차 & 건강보조식품, 테이블 매트나 행주 종류를 수납했다.

Japanese-style room
다다미방

낡아버린 소파를 교환할 때 시트 쿠션만 따로 빼두었다가 커버를 새로 맞춰서 다다미방에서
활용하고 있다. 간이소파라고 할 수 있을 정도로 편안하다.

'좁은 게 기분 좋은' 다다미방이 되었다

'일본사람이라면, 일단 다다미방은 있는 게 좋겠지?' 하는 가벼운 마음으로 만든 이곳은 5~6㎡ 정도의 작은 공간.
거실과 이곳 사이에 문을 두지 않았더니 하나의 공간으로 이어져 거실의 연장선처럼 사용하고 있다.

사실 거실에 놓지 않았던 텔레비전을 이 방에 놓았다. 나는 텔레비전을 별로 보지 않고, 남편도 퇴근 후 맥주 한 잔
할 때 잠깐 보는 정도. 큰 텔레비전이 필요 없으니 이 정도의 작은 공간 쪽이 오히려 적당하다고 느껴진다.

조금 큰 듯한 우레탄 쿠션을 놓았더니 편안하고, 오디오 시스템 덕분에 음향도 완벽하다. 의외로 편안해서 넓게 차
지한 거실 다이닝과 대조적으로 틀어박혀 있어도 좋은 장소.

거실의 수납장소가 조금 부족하기 때문에
다다미방 벽장에 잡다한 물건을 한데 모아 정리했다

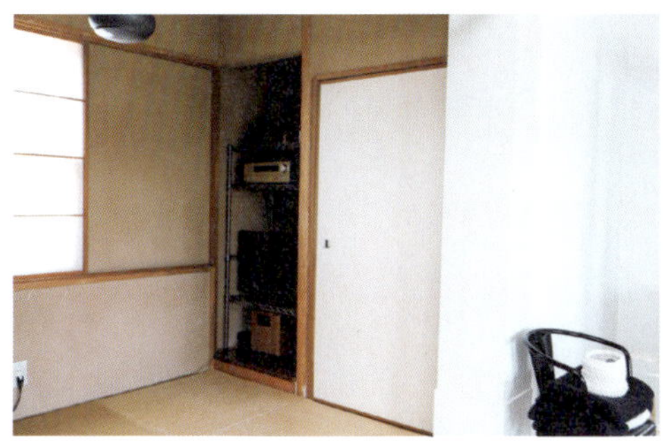

도코노마(그림이나 꽃꽂이를 감상하기 위해 다다미방 벽면에 만든 공간) 에 스틸랙을 넣어 텔레비전 & 오디오 공간을 만들었다. 눈에 띄지 않는 장소라서 인테리어를 방해하지 않는다.

집 모양의 잡지랙은 모던한 블랙. 거실에서도 보이니 거실과의 조화 를 생각해서 놓을 물건을 고른다.

벽장

① 가전제품 등의 빈 상자는 작은 벽장에 보관한다.
② 구급상자는 바로 꺼낼 수 있는 장소에 놓는다.
③ 재봉틀은 다이닝에서 사용하기 때문에 이곳에 수납하는 것이 편리하다.
④ 버릴지 말지 보류해 놓은 우편물은 벽장 윗단 끝 쪽에 둔다. 쌓아 놓지 않고 세워 놓으면 꺼내기도 쉽고 관리하기도 편하다.

⑤ 서랍 케이스에는 카메라 렌즈나 가전 팸플릿 을 보관한다. 갑자기 사용법 등이 필요할 때도 있어 팸플릿을 보관하고 있다.
⑥ 스틸 왜건을 넣어 다리미를 수납한다. 가운데 비어 있는 공간은 다림질할 옷을 넣어두는 장 소. 이렇게 세트로 놔두면 다림질 준비가 한 번 에 끝!

⑦ 속옷이나 실내복을 2층에 수납하면 동선이 귀 찮아서 다다미방 벽장에 넣었더니 딱 좋다. 실 내 건조도 이곳에서 하기 때문에 편하게 정리 까지 할 수 있다.

침실 벽은 흰색이 아니라 시크
한 그레이를 선택했다. 1층과는
다른 안정된 이미지가 해외 인
테리어를 떠올리게 한다.

침실 안쪽은 PC 공간. 액정 디스플레이 PC로 교체한 후 「파일」에 수납 일체형 데스크 설계를 부탁했다.

인테리어를 가장 즐길 수 있는 곳이 침실이다

집을 건축할 때 한정된 예산을 1층에 집중시켰다. 덕분에 1층에는 원목마루나 오리지널 창호를 선택할 수 있었고, 그 질감이나 디자인의 장점을 충분히 느낄 수 있도록 심플한 인테리어를 유지하려고 나름 노력하고 있다. 대신에 2층은 좀 더 자유로운 구역으로 정하고, 특히 침실의 경우 색상을 더하는 등 약간 모험적인 도전을 하면서 새로운 인테리어를 즐기기로 했다.

침구세트나 커튼은 면적이 큰 만큼 방의 이미지를 확 바꾼다. 1층에서는 마음껏 도전하기가 어렵기 때문에, 변화의 재미는 이곳에서 만끽한다. 침구류는 주로 「이케아」에서 구입한다. 합리적인 데다가 디자인도 다양해서 매력적이다. 그레이×네이비 조합을 가장 좋아하지만, 담청색, 핑크 같은 포인트 컬러를 사용할 때도 있다. 침대 발밑 쪽에는 모포를 항상 걸쳐 놓는다. 호텔에서 자주 볼 수 있는 스타일인데 모포 한 장으로 악센트도 되고, 호텔 인테리어 같은 느낌을 줘서 유용하게 사용하는 아이템이다.

침실 인테리어 아이디어

코트걸이는 디스플레이 장소

침실에 들어가면 바로 눈에 들어오는 벽이라 해외 인테리어에서 자주 등장하는 후크가 있는 풍경을 동경해서 설치했다. 실제로는 옷보다 잡화나 가방을 걸 때가 많은 듯하다. 옷을 구입했을 때 넣어주는 천 가방을 디스플레이로 사용하는 것도 좋아한다.

데스크 왼쪽은 디스플레이를 즐기는 코너

오랫동안 이 코너에는 아무것도 꾸미지 않은 채 심플한 아름다움 그대로를 즐기고 있었지만, 요즘은 이곳에도 조금씩 디스플레이를 하게 되었다. 화이트를 베이스로, 블랙을 악센트로, 나무 소재나 손뜨개 바스켓을 조화시켜 차가운 인상을 주지 않도록 했다.

흰색이 베이스이지만 울 모포와 베개커버를 베이지로 해서 부드러운 분위기를 만든다. 벨루어 소재의 쿠션까지 놓으면 월동준비 끝.

· Fabric Arrange ·

침구세트와 커튼은 기분에 따라 가끔 바꾸고 있다. 두 가지 색상을 조화시키는 것이나만의 규칙이다.

**벽에 후크를
리드미컬하게 배치했다**

침대 맞은편 벽은 가장 즐길
수 있는 공간. 최근 아주 근
사한 후크를 발견해서 마음
껏 붙였다. 수납에 도움이 되
는 것은 물론이고 벽면에 리
듬감이 생겨 인테리어로도
즐길 수 있다. 북유럽 브랜드
「무토」 제품이다.

여분의 침구류가 있다면
가끔은 분위기가 다른
타입을 고른다. 유일하
게 가지고 있던 무늬 있
는 리넨에 단색 그레이
를 걸쳐 조화시켰다.

가을이나 겨울철에는
조금 중후한 느낌을 준
다. 담청색 커튼은 「이
케아」에서 구입한 것,
남은 천으로 만든 쿠션
을 침대에 놓아 악센트.

침실 수납 아이디어

침실, 특히 옷을 정돈하여 수납하면
생활 전체가 쾌적해진다

블로그에 글을 올릴 때는 여기에서 한다. 요즘은 꽤 긴 시간을 보내는 장소가 되었다. 검정색 의자와 마우스 패드가 인테리어를 돋보이게 한다.

데스크 바로 앞에 전신거울을 놓고 이곳을 화장대 대신으로 쓰고 있다. 메이크업을 하는 장소이기 때문에 메이크업 용품은 바로 옆 서랍에 수납한다.

우측 서랍에는 문구류를 수납했다. 스피커 시스템이나 공기청정기 리모컨, 핸드크림도 서랍 안이 적당하다.

통신기기에 붙어 따라오는 모뎀, 전화 등은 모두 문 안쪽에 넣었다. 코드가 지저분하게 노출되지 않도록 문 뒤쪽에서 배선할 수 있도록 되어 있다.

가장 자주 사용하는 메이크업 용품은 화장가방 안에 넣었다. 바닥에 앉아서 메이크업을 하기 때문에 맨 아래 칸 서랍을 이용했더니 꺼내고 넣기에 편하다.

우리 집에 있는 대부분의 티슈는 서랍 안에 넣어 사용하고 있다. 여기에도 하나 넣어두면 티슈를 찾으러 왔다 갔다 할 필요가 없다.

옷장

① 가방은 「무인양품」 케이스에 넣어 가장 위쪽에 수납한다.

② 바지는 서랍 케이스 위쪽 빈 공간에 포개 넣었다. 대형할인 옷매장에서 평평하게 접혀 진열된 옷들을 보고는 나도 해보았다.(89쪽 참조)

③ 한 번 입고 바로 세탁할 필요가 없는 옷도 서랍 한 곳을 정해 따로 모아둔다. 꺼내 놓은 채로 두면 침실을 어지르는 원인이 된다.

④ 벨트는 돌돌 말아서 서랍 케이스에 세워 수납한다. 칸막이를 사용해 쓰러지지 않도록 했다.

⑤ 니트류의 옷들은 색상별로 구분해 세워서 수납한다. 필요한 것을 바로 찾을 수 있다.

⑥ 행거 양 끝에 머리방울을 감아서 옷이 흘러내리지 않도록 했다. 행거는 「이케아」에서 구입해 같은 종류로 통일했다.

카운터 위쪽에는 작은 사이즈의 그레이 색상 타일을 선택하고, 거울 테두리도 그레이로 맞춰 골랐다. 신축 때 설치한 벽 선반에는 수건과 세제 종류를 수납한다.

욕실은 상쾌함과 시크함을 둘 다 만족시켰다

욕실은 화이트×연한 그레이를 기본으로 한 공간. 전체적으로 쾌적한 분위기인 곳에 그레이 톤을 사용했더니 시크함이 더해진 것 같다. 가장 신경 썼던 점은 카운터 면을 넓고 여유 있게 만드는 것, 그러기 위해 세탁기도 세면대 카운터 밑에 넣었다. 지금은 판매가 중단된 흰색 수도꼭지도 마음에 든다.

생활감이 묻어나오는 곳이라서 겉에 꺼내 놓는 물건은 흰색 수건이나 디자인이 멋진 일상용품으로 제한했다. 포장이 제각각인 시판용품 같은 것은 될 수 있는 한 고르지 않으려고 하지만, 어쩔 수 없이 필요한 물건은 세면대 아래 선반이나 서랍에 수납하고 있다.

인테리어나 수납을 고민해서 가장 좋아하는 공간을 만들어 놓으면, 그 장소를 소중하게 여길 뿐만 아니라 청소나 평상시의 관리도 덜 힘들다는 것을 15년이 지난 지금 실감하고 있다.

생활감을 배제하는 수납법으로
예쁜 욕실을 유지한다

수건은 흰색으로 통일해서 깔끔하게 정리한다. 접었을 때 접히는 면이 앞으로 오게 쌓기만 해도 말끔하게 보인다.

화장실에 두는 구강청결제, 바디크림 등은 디자인과 사용감이 둘 다 만족스러운 것을 찾아 마음에 드는 것만 놓았다.

세탁기 맞은편에는 친환경 소재 바구니 「텁트럭스」를 2개 놓아 빨래 바구니 대용으로 사용한다. 에코백 안에는 빨래망을 수납했다.

왼쪽: 치약 보관장소는 서랍 안.
가운데: 두 번째 칸 서랍에는 티슈나 남편 면도기를 보관하고 있다. 꺼내고 넣기 편하도록 쓸데없는 물건은 넣지 않고 여유 있게 둔다.
오른쪽: 용기가 큰 화장품이나 헤어케어 용품은 깊이가 있는 맨 아래 칸 서랍에 둔다.

이 집에 들어오면 가장 먼저 눈에 들어오는 풍경이 여기이다. 훤히 트인 개방감과 회반죽벽 덕택에 상쾌한 화이트 인테리어 느낌이다. 집에 돌아왔을 때 편안함과 동시에 마음이 설렌다.

소재감과 화이트 인테리어를 충분히 만족할 수 있는 현관

우리 집 현관은 훤히 트여 있어 개방감이 든다. 어느 공간보다도 '白'을 느끼는 장소일지도 모르겠다. 회반죽벽은 15년이 지나도 오래된 느낌이 들지 않고 온기가 있는 하얀 공간을 만들어 준다.

계단 발판은 원목인 소나무 소재로 하얀 공간의 악센트가 된다. 원래는 계단 손잡이도 내추럴한 느낌의 나뭇결을 살린 것이었는데, 남편과 둘이서 페인트칠을 했다. 오랜 시간 생활하는 동안 이곳은 흰색이 더 잘 어울리는 것 같아서 칠했는데, 결과적으로 만족하고 있다. 디스플레이용 장식 선반 하나 없기 때문에 즐길 요소가 적은 만큼 내장의 아름다움과 소재의 장점을 느낄 수 있는 공간이 된 것 같다.

현관 수납 아이디어

신발장 주변에는 벽돌 타일을 붙이고 흰색 페인트로 마무리했다. 같은 흰색이어도 다른 느낌이 더해져 밋밋한 인상을 주지 않는다.

신발장은 신발뿐만 아니라 바깥에서 사용하는 물건을 수납하는 장소이기도 하다

신발장

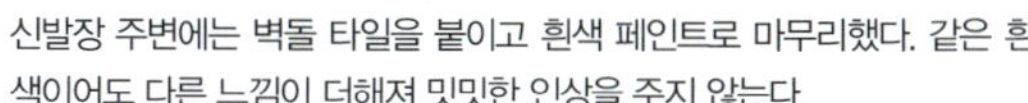

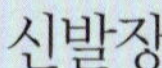

① 선반 사이의 공간이 넓어서 슈즈랙을 이용했더니 신발 수납력이 높아졌다.

② 내 신발은 좌우로 나란히 놓지 않고, 앞뒤로 살짝 어긋나게 놓으면 공간이 절약된다. 사소한 것이지만 수납력이 높아진다.

③ 스니커즈는 앞뒤를 교대로 나란히 놓았다. 조금 이상하게 보일 수 있지만, 공간이 절약돼서 한 켤레가 더 들어간다.

④ 빨래를 바깥에서 말릴 때 사용하는 빨래집게도 신발장에 보관한다. 현관을 통해 밖으로 나가서 말리기 때문에 동선상으로도 이곳이 편리하다.

⑤ 선반에 걸 수 있는 타입의 랙에는 구둣솔과 바깥에서 사용하는 정원가위를 수납한다.

⑥ 부츠를 넣을 곳은 선반 사이 간격을 조금 넓게 한다.

현관에 설치한 큰 창고는
모든 물건을 맡아주는 장소

창고

계단 아래 공간을 이용한 창고. 넓다고 해서 바닥에 아무렇게나 물건을 놓으면, 꺼내고 넣기가 불편해지고 수납도 많이 할 수 없다. 스틸랙을 안쪽에 2개, 바로 앞 왼쪽에 1개를 놓아 출입통로를 확보했더니 천장까지 효과적으로 사용할 수 있었다.

사택에 살때 사용하던 행거는 봉의 높이를 낮춰 입구 왼쪽에 설치해 우산과 옷걸이를 수납했다. 신발장에 들어가지 않는 물건을 수납할 수 있어 편리하다.

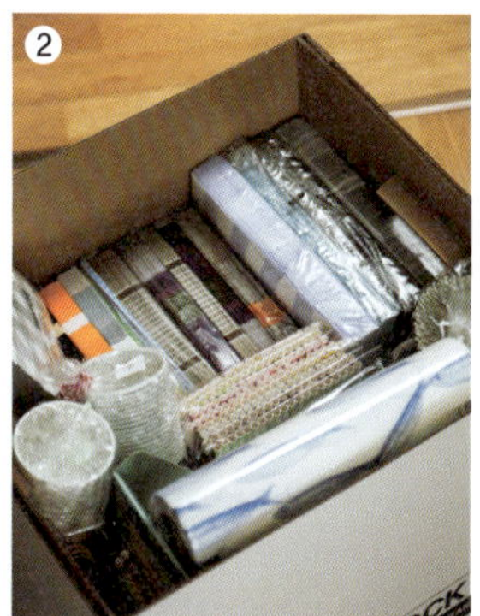

골판지로 된 상자는 필요한 수만큼 마련해서 선반 위아래 단에 나란히 놓았다. 안에는 종이냅킨, 랩, 고양이 모래, 빈 병 같은 여분 용품을 넣었다.

스틸랙에 자잘한 물건들을 넣기 위해 서랍을 맞춰 넣었다. 이 서랍에는 전구, 건전지 같은 용품들을 보관한다.

손수건과 핸드타월 등도 서랍에 보관한다. 외출할 때 가지고 나가는 물품이라 2층보다 이곳에 넣어두는 것이 편하다. 세워서 수납해 꺼내기 쉽도록 했다.

「텁트럭스」의 친환경 소재 바구니에는 걸레로 사용할 낡은 수건이나 천 종류를 보관한다. 휙 던져 넣기만 해도 되어서 편하게 정리할 수 있다.

다른 「텁트럭스」에는 세차용품을 한데 모아 수납하고 있다. 손잡이가 있어 그대로 밖으로 들고 나갈 수 있다.

스틸랙은 후크를 거는 것도 간단하다. 에코백을 걸어 놓고, 수납으로 활용하고 있다. 안에는 휴대용티슈 등을 대충 넣어둔다.

잡화가 들어 있던 상자는 버리지 않고 그대로 보관하고 있다. 잡화는 가끔 기분에 따라 바꾸기 때문에, 상자가 있으면 다시 넣어 깨끗하게 보관할 수 있다.

근처에 외출할 때 자주 입는 겉옷 한두 벌은 2층이 아니라 의외로 창고에 두는 게 좋다. 2층까지 가져가는 게 귀찮은데, 이곳이라면 집에 돌아와서 바로 제자리에 놓을 수 있다.

남는 판재를 「이케아」에서 구입
한 테이블용 다리에 얹었더니
책상이 완성되었다. 싼 가격이
지만 인테리어가 빛나는 코너가
만들어졌다.

싱글 침대가 소파로 변신!

게스트용 싱글 침대를 L자형으로 배치해서 소파 대신으로
사용할 수 있도록 했다. 침대 커버의 고무밴드를 빼서 매
트리스에 씌우면 '침대 같은 느낌'이 없어져 멋지다. 바닥
에 「이케아」 러그를 깔고 쿠션을 나란히 놓으면 쾌적하고
안락한 공간이 된다.

벽에 악센트를 주는 포스터나 카드 장식

포스터 래더(Poster Ladder, 포스터나 사진 등을 천장이나 벽면
에 걸어 균형을 잡아서 장식할 수 있는 도구) 라는 제품으로 벽
에 포스터나 카드, DM 등을 장식했다. 프레임에 넣어 장식
하는 것과는 또 다른 매력이 있고 수수한 느낌이 마음에
든다. 디자인에 끌려 가져온 DM도 활용할 수 있고 벽에 악
센트도 되어 좋아하는 코너가 되었다.

창고였던 방을 편안함이 있는 또 하나의 거실로 만들었다

친구들의 숙박 용도로 사용했던 게스트룸은 19.5㎡ 정도의 여유가 있는 공간이다. 하지만 게스트룸으로 사용할 기
회가 많지 않아 일단 임시로 이곳에 물건을 놓게 되면서 게스트룸이 점점 큰 창고 같은 상태가 되어버렸다.

이대로 두면 공간이 아까운 것 같아서 새롭게 바꾸기로 결정했다. 친구가 묵을 수도 있으면서, 동시에 우리들에게
도 편안한 자유 공간이 되도록 용도를 바꾸기로 한 것이다. 음악을 듣거나 프로젝터로 영화를 즐기거나 PC로 업무
도 할 수 있는 제2의 거실 같은 기분 좋은 공간이 되었다. '일단' 임시로 놓았던 물건도 정리해서 원래 있어야 할 장소
에 수납하게 되었고, 물건을 그대로 방치하는 일도 없어졌다. 지금까지 십여 년의 시간이 너무 아까웠다는 생각이
든다.

15년에 걸쳐 조금씩 변해왔지만,
정말 좋아하는 스타일은 기본적으로 변하지 않는다

주방과의 만남

아래 사진의 사택에서도 사용했었고 지금도 계속 사용 중인 식기장을 사러 갔을 때 만났던 이 부엌. 처음 보고 나서 수년 후 이것을 그대로 이동시켰더니, 새로 지은 우리 집의 얼굴이 되었다.

1997
사택 시절

집을 짓기 전에 살았던 사택. 컨트리 스타일 인테리어가 인기였던 시절이었지만, 나는 안티 컨트리라는 생각으로 집을 꾸밀 생각이었다. 하지만 지금 보면 상당히 컨트리 스타일에 영향을 받았었다.

2000
신축 때

1999년 11월 막 준공했을 때의 우리 집. 이사 후 어수선했지만 어느 정도 정리된 후 정월에 촬영한 사진이다. 지금에 비하면 물건이 훨씬 적다. 심플한 상태를 즐기면서 정말로 좋아한다고 여기는 것들을 조금씩 모으기 시작했다.

2002
작은 리폼

입주하고 3년 후에 침실 데스크를 주문했다. PC를 액정 타입으로 교체한 것을 계기로 결단을 내렸다. 침실 폭에 딱 맞고, 이전보다 데스크 깊이(세로 길이)가 짧아졌기 때문에, 크기에 비해 오히려 공간이 말끔해져서 감격했다.

인테리어에 흥미를 갖게 된 계기는 확실하지 않지만, 초등학교 때 친구 집 외관과 내장이 몹시 마음에 들었던 것으로 기억한다. 어린 시절부터 '집'에 흥미가 있었고 내 집을 갖는 것에 줄곧 동경을 가지고 있었다.

결혼할 때 식기장을 구입하기 위해 방문했던 곳이 인테리어 숍 「파일」. 그곳에서 마주친 것이 오리지널 화이트 주방이었다. 머릿속에 동경하던 것이 실사가 된 듯한 부엌에 충격을 받아 이 부엌이 어울리는 집을 짓자고 결심했다. 당시에는 아직 사택 생활을 하고 있었는데, 몇 년 후에 이 집을 지을 수 있었다. 내가 스물세 살 때의 일이다.

그로부터 15년. 좋아하는 스타일은 바뀌지 않았다. 잡화나 조명을 늘리거나 소파나 다이닝 체어를 교체하거나 하면서 천천히 만들어왔다. 시간이 지날수록 점점 더 마음에 드는 공간이 되고 있다.

2010
소파 교체

고양이가 물어뜯어서 흠집이 난 소파. 오토만은 커버만 새로 씌워서 대처했지만, 소파는 결국 새로 사기로 했다. 마침 구입한 지 10년 이상 지나서 교체할 타이밍이었다. 보다 모던한 분위기를 살리기 위해 직선 디자인의 제품을 선택했다.

2011
작은 변화

샤프함을 더할 수 있도록 다크그레이의 자커버를 새로 맞추었다. 조명도 모던한 것으로 교환. 그 다음 해에 의자의 쿠션이 주저앉아서 좀 더 모던하게 보이는 지금의 세븐체어(26쪽 참고)로 교체했다.

Shop

콘란샵(THE CONRAN SHOP)

도쿄도 신주쿠구 니시신주쿠 3-7-1 신주쿠 파크타워 3, 4층
(東京部新宿市西新宿3-7-1 新宿パークタワー３４F) ☎ 03-5322-6600
http://www.conran.co.jp
항상 가장 빠른 인테리어 소식을 알려주는 숍인 것 같다. 새로운 제품을 접할 수 있는 기회가 많아서 정기적으로 체크하고 있다. 디스플레이나 물건을 조합하는 방법에 대한 힌트를 얻을 때도 많다.

파일(FILE)

도쿄도 메구로구 나카마치 1-6-12 1층
(東京部目黒区中町 1-6-12 1F) ☎ 03-3716-9111
http://www.flie.com
이 인테리어 숍과의 만남은 내 인생을 바꿨다고 말할 수 있을 정도이다. 메인 가구뿐만 아니라 집 내부 인테리어까지 의뢰했다. 인테리어를 하면서 뭔가 망설여진다면 반드시 의논하고 있는, 무한신뢰하고 있는 정말 좋아하는 숍이다.

스코프(scope)

http://www.scope.ne.jp
북유럽 스타일을 좋아하는 사람이라면 반드시 체크해야 할 인기 인터넷 숍이다. 사진이 예쁘고 스타일링도 근사해서 단골 상품의 장점을 재인식하거나 익숙한 물건이라도 새롭게 사용할 수 있는 힌트를 얻을 수 있다.

코즈라이프(KOZILIFE)

http://www.rakuten.co.jp/kozlife
좋아하는 북유럽 브랜드 「무토」나 「헤이」 등을 많이 취급하고 있어서 틈틈이 쇼핑하고 있다. 카탈로그 같은 데서 눈에 띄어 일본에도 들어와 있지 않을까 하면, 어김없이 입고되어 있는 든든한 숍이다.

제너레이트 디자인(Generate Design)

http://www.gnr8.jp
디자인 잡화나 인테리어용품 셀렉트 숍인데, 여기에서밖에 볼 수 없는 제품이 많기 때문에 항상 체크하고 있다. 대량생산이 아닌 디자인 용품의 재미를 알게 해주는 숍이다.

Brand

무토(muuto)

http://www.muuto.com
흔하지 않은, 보다 현대적인 북유럽 디자인을 만날 수 있어 좋다. 언어는 몰라도 홈페이지를 보기만 해도 두근두근하다.

메뉴(MENU)

http://www.menu.as
여기도 현대적인 북유럽 디자인을 보여주는 인테리어 브랜드. 홈페이지에서 볼 수 있는 웹 카탈로그도 근사해서 색상 조합 등에서 힌트를 얻고 있다.

힘라(HIMLA)

http://www.hilmla.se
북유럽 텍스타일 브랜드. '북유럽' 하면 특징적인 무늬가 인기라는 건 알지만, 나는 무늬 있는 것을 별로 사용하지 않기 때문에 질감이 좋은 무늬 없는 제품을 발견하고는 이 브랜드의 팬이 되었다.

톨릭스(TOLIX)

http://www.tolix.fr
프랑스 가구 메이커. 이 브랜드의 스틸 재질 스툴이나 의자를 정말 좋아한다. 무뚝뚝한 남성스러운 디자인으로 마냥 내추럴하게 느껴지는 느슨한 공간을 꽉 잡아준다.

헤이(HAY)

http://hay.dk
최근 몇 년 붐을 일으키고 있는 북유럽 브랜드. 오브제 느낌의 제품부터 후크나 트레이 테이블 같은 실용적인 제품까지 뛰어난 디자이너에 의한 새로운 북유럽 디자인을 만날 수 있다.

3

My display ideas

심플 & 화이트 공간에
빛나는 디스플레이

실용성과는 직결되지 않는 경우도 많지만 마음 설레는 코너를 만들면

집이 좀 더 좋아지고, 생활이 좀 더 즐거워진다.

날마다 하는 가사나 수납 등을 열심히 하게 하는 동기부여도 되는 것 같다.

계절이나 그때그때 취향에 맞춰
디스플레이를 고민하는 것은 내가 가장 좋아하는 시간이다

다양하게 고민하면서 디스플레이를 바꾼다. 마음에 드는 「헤이」의 나무 쌓기 오브제.

잡지나 인터넷 등에서 해외 인테리어 사진을 보는 일은 내 취미 중 하나이다. 사진을 열심히 들여다보며 '이 집은 어째서 이렇게 세련되어 보이는 걸까?'라고 생각한다. 그런 시각으로 보고 있으면 사진 한 장에서 얻을 수 있는 정보도 아주 많고, 디스플레이 힌트도 많이 얻을 수 있다.

디스플레이는 인테리어의 가장 마지막 완성 부분이고, 두근두근 설레는 작업이기 때문에 나는 자주 디스플레이를 바꾼다. 예를 들면 새 잡화를 구입했을 때, '이것을 어디에 놓으면 가장 빛날까? 어떤 것과 조화시키면 보다 매력적으로 보일까?'를 생각하면서 여기저기에 놓아보며 전체적인 모습을 체크한다. 가장 잘 어울리는 장소를 찾아 디스플레이하는 것은 즐겁다. 원래 가지고 있는 물건의 조합을 바꿔 장식하기만 해도 인상은 크게 달라진다. 디스플레이를 바꾸는 작업은 작은 변화지만, 집을 애지중지하게 만드는 것 같다.

당연히 집을 깨끗하게 정리해야 디스플레이가 빛이 난다. 그래서 수납이나 청소도 대충하지 않고 열심히 할 수 있는 것이다.

디스플레이의 3가지 규칙

1 작은 것 여러 개가 아니라 큰 것 하나를 디스플레이한다

디스플레이를 할 때 무심결에 그 코너만을 보면서
작은 잡화를 여기저기 장식하기 쉽다.
하지만 전체 인테리어를 생각하면 객관적으로 봤을 때 빛나는 것이 더 중요하다.
작은 것을 여러 개, 많이가 아니라 큰 것을 조금만 장식하면
공간과 균형이 맞은 디스플레이가 된다.

2 힘을 주는 소재와 색상을 도입한다

우리 집의 경우 베이스 컬러는 흰색이고, 가구는 목제가 중심이다.
디스플레이는 그곳에 악센트를 더하는 역할을 하기 때문에
블랙이나 스틸 같은 약간 하드한 색상이나 소재를 도입해서
공간에 힘을 주고 있다.
숫자는 결코 많지는 않지만, 베이스가 흰색이라 정돈된 효과는 크다.

3 마이너스 디스플레이를 의식한다

이것저것 좋아하는 것을 구입하는 동안
처음 이 집에 살기 시작했을 때보다 장식용 물건들이 늘어난 것은 사실이다.
가끔 그것이 의식될 때면 이런저런 장식품들을 싹 치우고,
비어 있는 하얀 선반이나 깨끗한 벽의 아름다움, 심플함도 즐길 수 있게 되었다.
디스플레이에는 '여백'도 필요한 것 같다.

디스플레이에
도움이 되는 아이템

1

유리돔

유리돔은 작은 잡화를
큰 디스플레이로 보여주는 효과가 있다.
잡화에 먼지가 쌓이지 않고, 청소도 쉬워서
아주 편리한 아이템이다.

캔들을
존재감 있는
오브제로

다리가 부착된 플레이트에 캔들을 놓
고, 돔을 씌워 계단 층계참에 놓았다.
실제로 켜는 것은 한 가운데 LED로
된 것 뿐이지만, 주변에 진짜 캔들을
놓아 모조품처럼 보이지 않도록 했다.
돔 덕택에 캔들에 먼지가 쌓이는 것
이 방지된다.

무엇이든지 오브제로 변신!

돔 안에 넣어둔 것은 「케흘러」의 오마지오(Omaggio) 화병. 간격이 일정하지 않은 라인이 마음에 들어 꽃을 장식하기보다 디스플레이 잡화로 애용하는 일이 많다. 돔에 넣어서 장식하면 어떤 물건이라도 특별한 느낌을 더해준다.

다이닝 테이블에서도 활약

작은 그릇에 캔들을 놓아 다이닝 테이블에 올린다. 식사 때에는 다른 식기가 많이 있기 때문에 돔으로 둘러싸서 심리적인 틀을 만들면 보다 장식적인 화려한 느낌이 두드러진다. 유리 너머로 바라보고 있으면 잡화의 격이 올라가는 느낌이 든다.

떨어진 꽃잎이 예뻐 바로 버리기가 아까워서, 찰나의 아름다움을 잠시라도 돔에 넣어 즐기고 싶었다.

크리스마스 때 구운 트리모양 쿠키도 돔에 넣어서 당분간 디스플레이로 즐겼다.

무심한 듯 리모컨이나 캔들 받침으로

인테리어나 수납을 참고하기 위해 보는 외국서적. 포개어 쌓아두면 해외 인테리어에서 보던 무심한 분위기를 연출할 수 있다는 점도 마음에 든다. 일본서적으로 해도 좋겠지만, 글자가 아니라 그림으로 다가오는 영문 폰트가 멋스러워 인테리어로 친숙해지기가 더 쉬운 것 같다.

부엌 선반에 외국서적을 장식,
수납에 여유를 만든다

아일랜드 식탁이 있는 다이닝 쪽 오픈 선반에는 식기나 냄비를 수납하고 있다. 전부 다 실용적인 수납공간으로 하자니 무거운 느낌이 들어서 일부는 디스플레이 공간으로 만들었다. 흰색 물건을 중심으로 수납했기 때문에 표지가 흰색인 외국서적을 골랐다.

책을 선반으로 변신시키는 아이디어

책 수납을 테마로 했던 외국서적을 보고 있다가 책을 선반으로 변신시키는 컨실 선반(Conceal Shelf)라는 용품을 발견했다. 일본에서도 구할 수 있기에 2층 트레이 선반으로 선택했다. 핸드타월을 수납하거나 책을 디스플레이한다.

크리스마스 시즌 디스플레이. 외국서적을 스툴 위에 놓아 램프 받침대로 쓴다. 크리스마스라서 빨간 색이 들어간 책을 골랐다.

숍 디스플레이를 힌트로

높이가 40cm 정도 되는 보존병에 프리저
브드 플라워를 넣어서 디스플레이한다. 미
묘한 색채의 조화를 유리 너머로 즐길 수 있
다. 프리저브드 플라워는 섬세해서 먼지가
쌓여도 떨어내기 힘들기 때문에 보존병 디
스플레이가 적합하다.

디스플레이에
도움이 되는 아이템

3

보존병

수납에 활용하는 보존병도
내 디스플레이에는 빠지지 않는 아이템.
큰 병 하나만 있으면
다양한 방법으로 연출할 수 있다.

캔들 스탠드로 변신

보존병에 디스플레이용 모래를 넣어 고정시킨 후 캔들을
장식하는 것도 마음에 든다. 이 보존병은 뚜껑이 2중 구
조로 되어 있어서 윗면 뚜껑을 떼어낼 수 있기 때문에 진
짜 캔들을 넣어 불을 켤 수도 있다. 보존병은 「킬너」 제품.

보존병을 조명기구로

일루미네이션 라이트를 보존병에 넣어서 활용할 수도 있
다. 유리에 빛이 반사되어서 새 조명을 구입한 듯한 환상
적인 느낌이 든다. 무점멸 전구를 선택하면 크리스마스가
아닐 때 사용해도 자연스럽다.

병에 모래를 깔아 채우고 조개 모양
의 캔들을 넣었다. 불을 켜지 않고 이
상태로 즐긴다. 진짜 조개를 넣어도
근사할 것 같다.

숫자나 알파벳 오브제를 큰 보존병에
넣어 장식한 것도 있다. 인테리어 숍
디스플레이 분위기가 난다.

유칼립투스로 리스 만들기

꽃을 구입했을 때 남은 가지로 만든 드라이 리스. 계피나 솔방울을 붙이는 방법도 생각은 했었지만 심플하게 코튼플라워로만 꾸몄다. 자신이 없을 때는 너무 무리하지 말고 할 수 있는 범위 내에서 즐기자. 꾸미지 않은 듯하게 취향대로 마무리했다.

트레이를 디스플레이에 활용하기

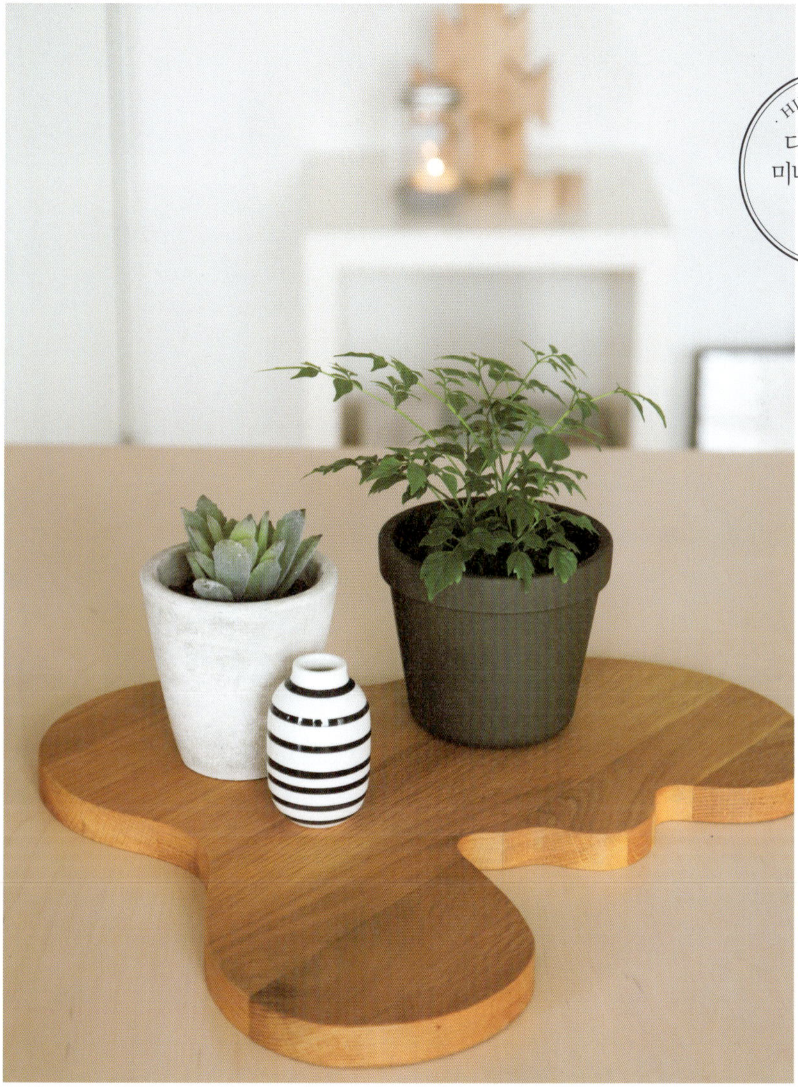

HIYORI'S IDEA

디스플레이 미니 아이디어 2

잡화를 단지 장식만 하면, 그냥 놔둔 것 같은 어중간한 느낌이 들 때가 있다. 그럴 때 단골로 쓰는 아이템이 트레이. 프레임에 넣은 포스터가 더 확실하게 눈에 들어오는 것처럼 트레이 위에 올려놓기만 해도 세련되어 보인다.

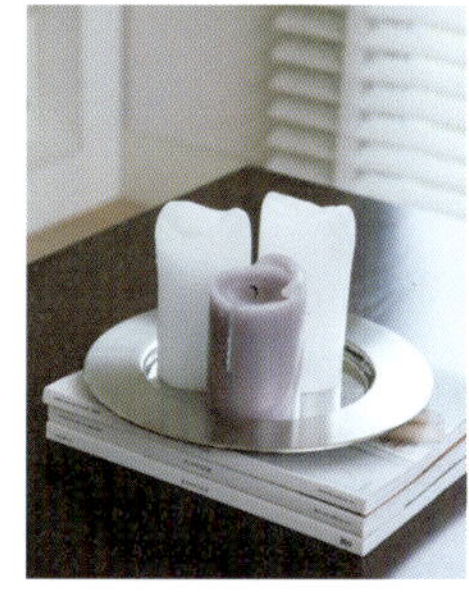

캔들도 따로따로 용기에 넣는 것보다 트레이에 한데 모아 놓는 것이 디스플레이로는 더 멋지게 보인다.

행주를 포스터 대용으로 사용하기

· HIYORI'S IDEA ·
디스플레이
미니 아이디어
3

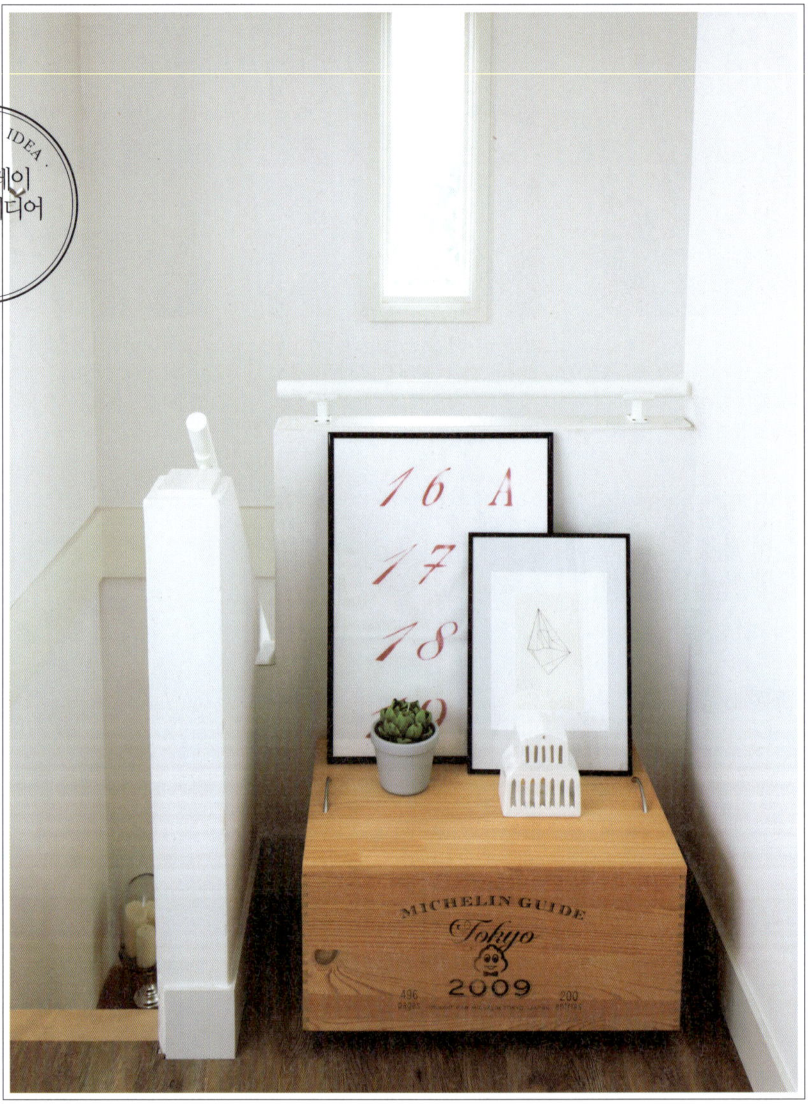

선물로 받았던 부엌 행주 디자인이 마음에 들어 장식하고 싶은 욕구에 문득 떠오른 아이디어. 포스터 프레임에 넣기만 했는데, 테두리를 검정으로 해서 대비를 주었더니 멋진 이미지가 완성되었다. 우측 프레임에 넣은 것은 시판 포스터다.

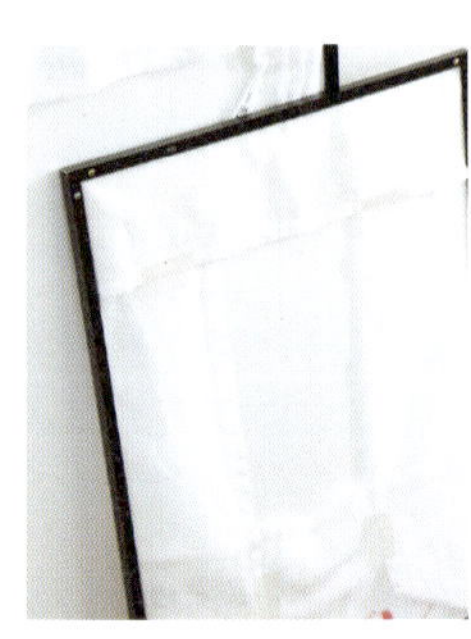

부엌 행주로 다시 사용할 수 있도록 행주를 자르지 않고 프레임 뒤쪽으로 둘러쳐서 테이프로 고정했다.

클립보드에 드라이 리스 장식하기

HIYORI'S IDEA
디스플레이 미니 아이디어
4

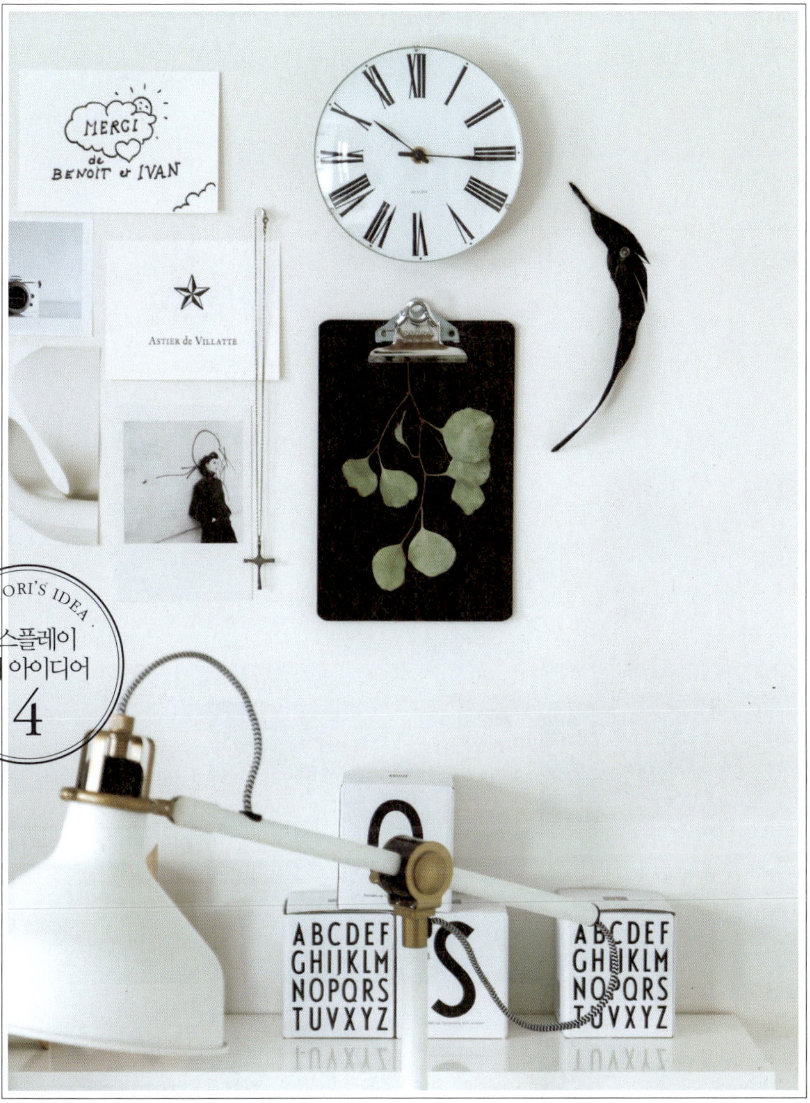

게스트룸 벽에는 말린 리스를 클립보드에 꽂아 장식했다. 검정보드가 잎사귀의 아름다움을 돋보이게 하고, 예술적인 느낌도 난다. 보드는 까맣게 페인트칠을 했는데, 다 마르고 나서도 왠지 끈적거림이 남아서 다음에 만들 때는 페인트 선택에 주의해야 할 것 같다.

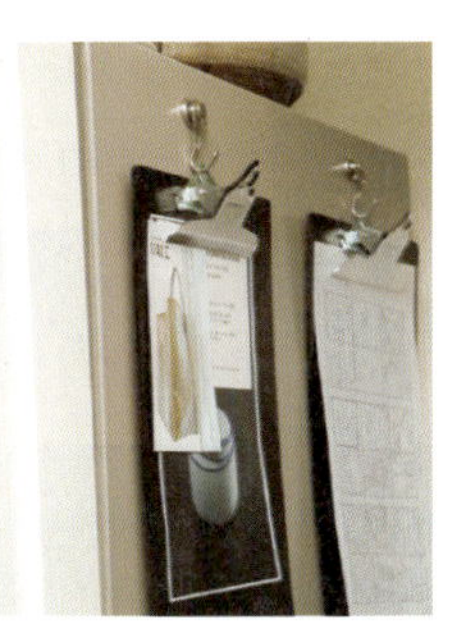

클립보드는 실용적으로 사용하고 있다.
냉장고 측면에도 두고 전람회 DM이나 남편 회사 연락망, 지역 소식지 등을 꽂아 놓는다.

캔들에 작은 재주 더하기

캔들은 실제로 불을 켜지 않고 디스플레이
하는 것만으로도 정말 좋다. 가늘고 긴 타
입은 연소 시간이 짧기 때문에 불을 켜기
보다 장식용으로 쓰는 경우가 많다. 조금
정성을 들여 갈색 왁스페이퍼를 감아 검정
끈으로 묶었는데, 이렇게 하면 한층 더 장
식적인 느낌이 살아난다.

막대형태 캔들은 잘 포
개지지 않아서 느낌을
살려 2자루를 묶어보았
다. 쇼핑했을 때 포장에
사용되었던 끈을 재활용
해서 만들었다.

할로윈 모빌 만들기

흔들리는 모빌을 보는 것이 좋아 몇 종류 가지고 있다. 할로윈 때는 직접 간단하게 만들기도 한다. 사실 만들었다고는 하지만, 집게가 달린 모빌에 할로윈 이미지인 박쥐와 도깨비 모양을 자른 도화지를 집어 놓기만 한 것이다. 오렌지색은 사용하지 않고, 검정과 흰색의 시크한 색상 조합으로 해도 근사하다.

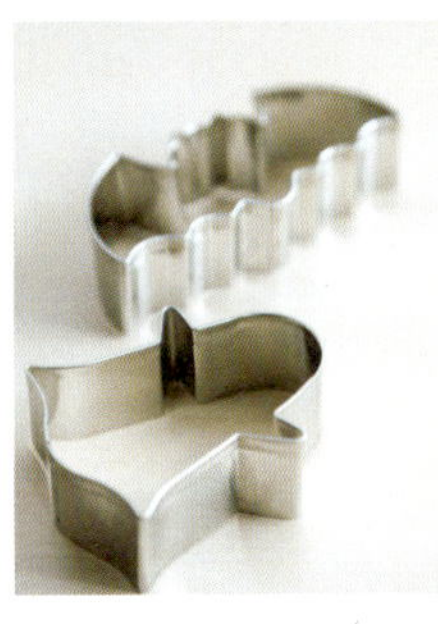

인터넷에서 종이 패턴을 찾았었는데, 쿠키 틀을 사용해 검정과 흰색 도화지에 모양을 본 떠 잘라도 괜찮은 것 같다.

HIYORI'S IDEA

디스플레이 미니 아이디어 7

빈 상자로 디스플레이하기

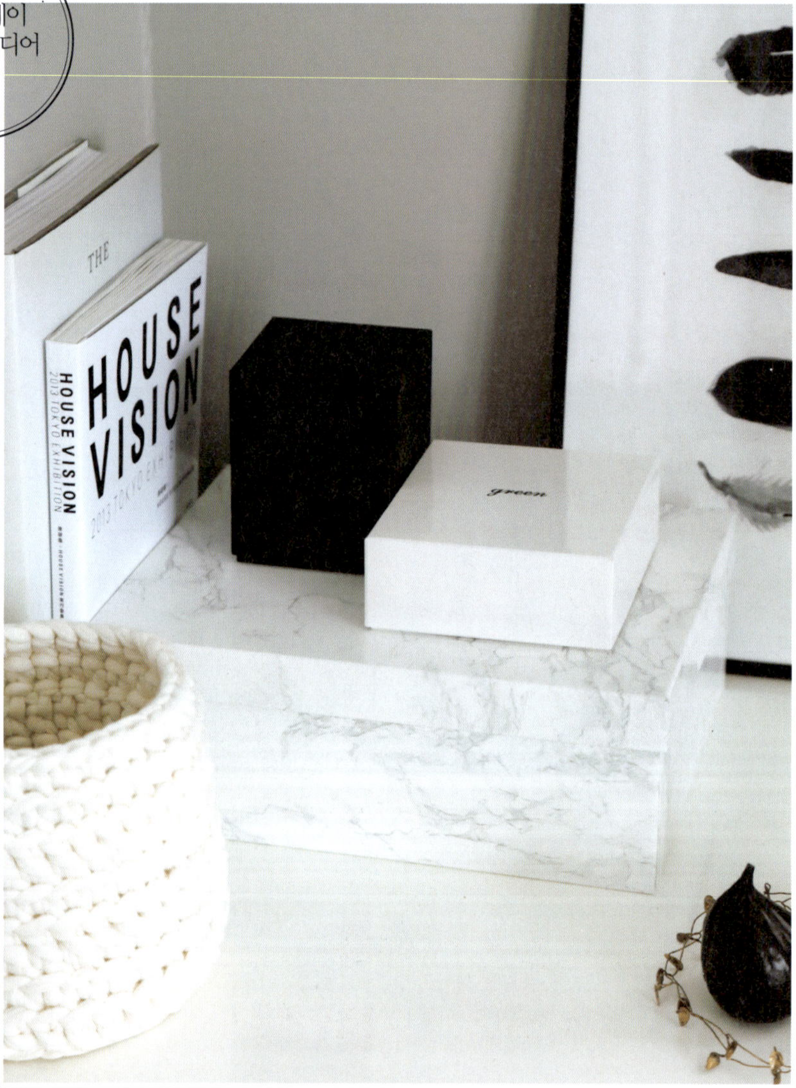

잡화나 구두 같은 것을 구입하면 근사한 상자에 들어 있을 때가 있다. 어쩐지 버리기도 아까워서 떠오른 아이디어가 시트지를 붙여 디스플레이에 활용하는 것. 상자를 포개어 쌓아두면 해외 인테리어 느낌도 나고, 수납도 겸할 수 있어서 요즘 마음에 들어 하는 아이템이다.

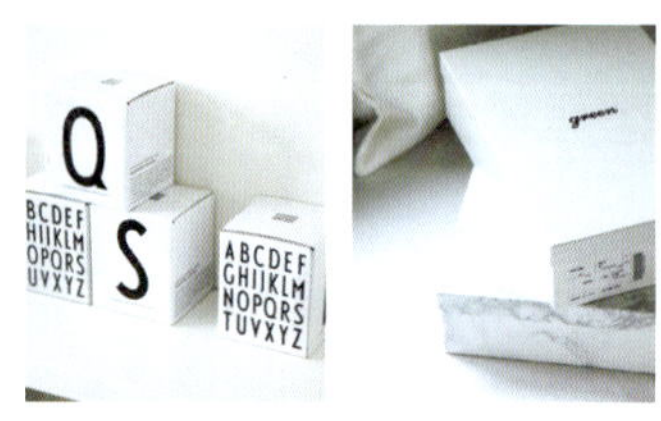

왼쪽: 「디자인 레터스」의 머그 상자(101쪽 참조)는 그 자체만으로도 멋스러워서 집짓기 놀이 감각으로 늘어놓고 그대로 디스플레이하고 있다.
오른쪽: 대리석 무늬의 시트지를 셔츠 상자에 붙였다.

간단한 갈런드 만들기

HIYORI'S IDEA
디스플레이
미니 아이디어
8

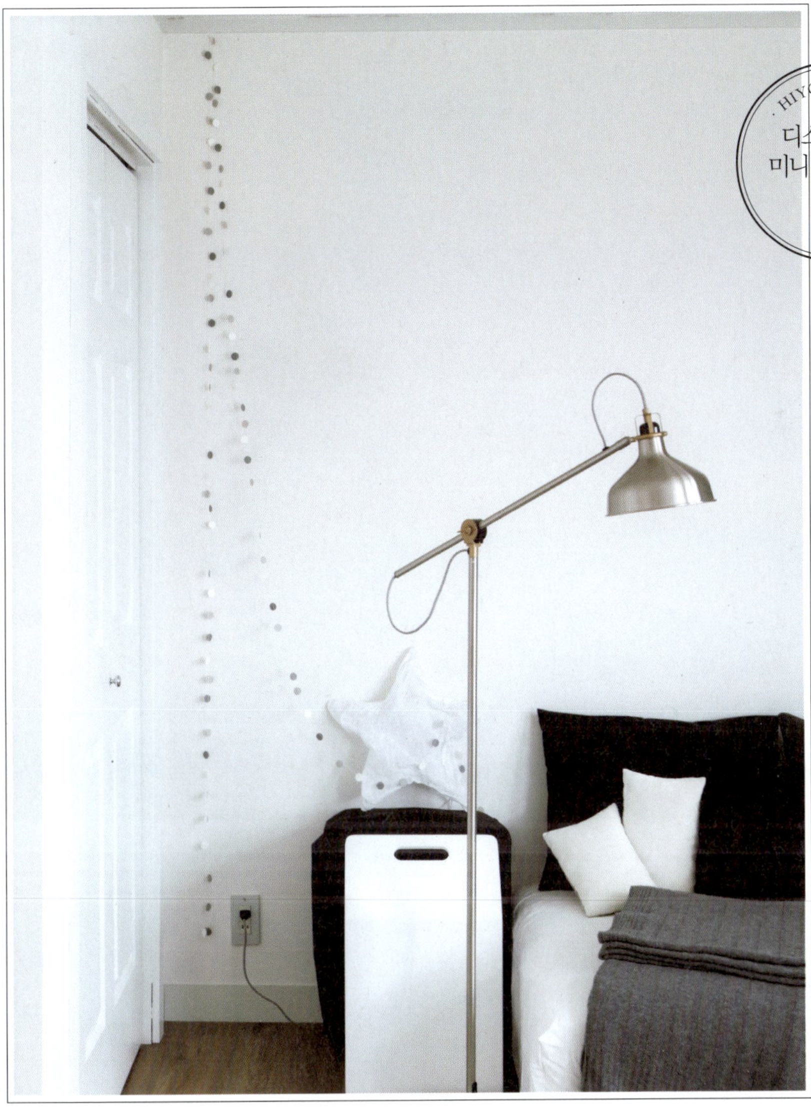

구입한 갈런드(garland)를 계속 보고 있자니 나도 만들 수 있을 것 같다는 도전의식이 생겼다. 흰색과 채도가 다른 그레이 도화지를 원형으로 잘라 재봉틀로 박았다. 남편에게 재봉틀 반대편에서 실을 당겨달라고 부탁하고, 나는 적당한 간격으로 종이를 밀어내기만 하면 된다. 방 코너의 악센트가 되었다.

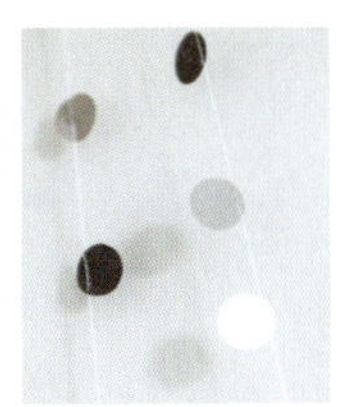

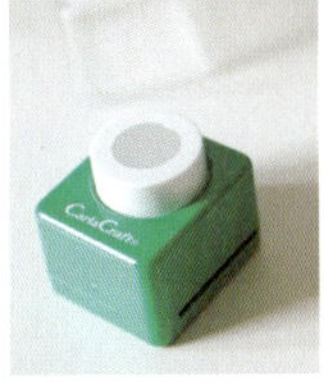

왼쪽: 종이를 꼭 한가운데에 박아야 한다고 생각하지 말자. 적당하게 박은 것이 오히려 장식했을 때 움직이는 것처럼 생기 있어 보인다. 같은 간격으로 박아서 붙일 필요도 없다.
오른쪽: 크래프트 펀치(Craft Punch)를 사용해 종이를 원형으로 자른다. 종이를 끼워서 누르기만 하면 예쁜 원이 되기 때문에 편리하다.

비 오는 날이나 어둑어둑한 날은 낮부터 방 한쪽에 조명을 켜고, 캔들을 켜기도 한다. 비 오는 날의 고요함을 느끼면서 더 없이 행복한 한때를 보낸다.

거실 선반 왼쪽 끝에 걸어 놓은 것은 '아테네의 아침'이라고 하는 유리 오브제. 유리라서 환할 때에는 존재감이 적지만, 어둑어둑해졌을 때 라이트를 켜면 형체가 뚜렷한 게 몽환적인 분위기가 난다.

모빌은 낮과 밤에 따라 그 정취가 달라진다. 본체와 천장에 비친 그림자가 제각각 흔들흔들 살랑거리며 움직이는 그 모습을 바라보는 게 좋아서, 일부러 스폿 조명을 그쪽으로 향하게 한 적도 있다.

이 집에서 살면서, 조명과 캔들이 가져다주는
빛의 아름다움을 감상하는 게 정말 좋아졌다

집을 지을 때 처음에는 조명에 대해 그다지 중요하게 생각하지 않았었다. 다만 스폿 조명이나 벽에 빛을 반사하는 간접조명을 좋아해서 다운 라이트를 메인으로, 조명을 눈에 띄지 않는 램프로 했다.

점차 조명이 인테리어에 미치는 영향에 대해 눈을 뜨면서 조금씩 수가 늘어나게 되었다. 어디에 놓느냐, 라이트를 어느 쪽으로 향하게 하느냐에 따라 분위기가 달라지기 때문에, 시행착오를 겪으면서 빛을 즐기고 있다. 벽이나 천장에 비치는 빛으로 만들어진 그림자는 정말로 아름답게 느껴진다.

전체를 다 밝히는 것이 아니라
여기저기에 놓인 조명기구를 즐긴다

침실에서는 천장조명은 켜지 않고, 간접조명만으로 지내
는 경우가 대부분이다. 데스크에 놓은 덴마크 「앤트레디
션」의 조명은 유백색 유리 틈으로 빛이 새어나온다. 그 부
드러움를 보고 있자면 치유되는 느낌이다.

크리스마스 디스플레이에 자주 사용하는 조명이지만, 우
리 집에서는 1년 내내 사용하는 아이템. 디스플레이 주변
에 펼치거나 보존병에 넣거나 한다. 지금은 계단 손잡이
에 늘어뜨려 문 유리 너머로 보이는 풍경을 즐기고 있다.

게스트룸 스툴에는 「플루멘」 전구로, 「라인미」 코드와 케
이지를 단 조명을 설치했다. 전구, 코드, 소켓처럼 평소라
면 감추는 것을 일부러 보여주는 효과를 느끼고 싶어서
조합해보았다.

2층 복도 코너에 책장을 놓아 작은 서재처럼 만든 우리
집. 책이나 잡지를 이곳에서 읽을 때도 있어서, 주변을 밝
게 밝혀주는 라이트를 설치했다. 사용하기 편한 디자인을
선택한다.

집 모양의 캔들 홀더는 「케흘러」의 얼바니아(Urbania) 시
리즈. 틈새로 새어나오는 오렌지 불빛에 마음이 편안해진
다. 캔들을 켜지 않을 때도 오브제로서의 존재감이 있다
는 점도 매력적이다.

2층 화장실에는 랜턴 안에 캔들을 넣었다. 사실은 캔들
모양의 LED 조명. 타이머나 리모콘으로 on/off가 가능해
서 안전하게 캔들 분위기를 낼 수 있다. 「루미나라」 제품.

거실 악센트로 마음에 드는 덴마크 유리 브랜드 「홀메가
드」의 캔들 홀더. 리듬감을 살려 크고 작은 사이즈를 함께
놓는 것을 좋아한다.

벽에 걸린 입체적인 스틸 오브제도 캔들 홀더이다. 선반
이나 테이블에 놓는 것과 다르게 공간에 참신한 악센트를
가져다주는 존재. 거실 뿐 아니라 침실에도 설치했다. 「메
누」 제품.

블로그를 보는 사람들이 자주 문의하는
질문들에 나름대로 대답해보겠다

Q 물건을 줄이려고 생각한 적은 없는지?

A 이 책을 보면 내가 '적은 수의 물건으로 풍부하게 생활하는 것'을 목표로 하고 있는 게 아니라는 것을 알 수 있을 것이다. 말끔하고 심플한 인테리어로 보이도록 신경 쓰고 있지만, 내가 생각하는 심플한 인테리어는 '물건 수가 적다'는 의미가 아니다. 갖고 있는 물건을 엄선해서 최소한의 물건으로 간편하게 생활하는 것은 멋지다고 생각하지만, 굳이 선택하라면 나는 '갖고 있는' 것에 즐거움을 느끼는 타입이다. 좋아하는 물건을 무리하게 처분하면서까지 물건을 줄이고 싶은 생각은 없다. 그래서 물건을 소유하는 방식에 관해서는 굳이 특별한 규칙을 만들지 않고, 좋아하는 물건에 둘러싸인 생활을 즐기기로 했다.

물론 확실히 나에게 더 이상 필요하지 않는 물건을 처분할 때도 있지만, 처분을 목적으로 물건을 정리하는 일은 없다. 구입할 때 좋아해서 사는 건지 심사숙고하기 때문에, 우리 집에 있는 것은 내가 정말로 좋아하는 물건들만 있다. 내가 무엇을 갖고 있는지 정확하게 파악할 수 있고, 갖고 있어서 기쁘다고 느끼는 한 무리하게 줄일 필요는 없다고 생각한다.

Q 인테리어 힌트는 어디에서 얻고 있는지?

A 인테리어 정보는 여기저기에서 얻고 있지만(18쪽 참조), 힌트를 가장 많이 얻고 있는 것은 해외 인테리어 사진이다. 평범한 사람들에겐 실현 불가능한 것도 많지만, 뭐랄까 작은 것이라도 힌트는 얻을 수 있는 것 같다. 일본 인테리어만 보고 있으면 일본인 특유의 규칙에 사로잡히는 경향이 있는데, 해외 인테리어 사진을 보는 것만으로도 새롭게 한 발을 내딛는 것 같은 기분이 든다.

그래서 내가 하고 있는 방법은 좋아하는 인테리어 브랜드 이름으로 사진 검색하기. 이렇게 하면 많은 인테리어 사진을 찾을 수 있다. 그 사진 중에서 마음에 든 것을 캡처해서 보관한다. 검색에서 찾은 마음에 드는 상품명이나 키워드로 또 검색을 하기도 하며, 몇 번 반복하면 내가 좋아하는 취향이나 물건을 확실히 알게 된다.

모아둔 사진을 보면서 내가 좋아하는 인테리어나 디자인을 다시 확인하거나, 새로운 디스플레이 방법을 발견하는 등 이런 식으로 힌트를 얻는다. 좋아하는 사진을 클립해두면 자신의 인테리어 스타일의 중심이 확실해지고, 쉽게 흔들리지 않는 효과도 있다고 생각한다.

4 My housekeeping ideas

반짝반짝하게 유지하는
살림 아이디어

소중한 우리 집을 계속 좋은 상태로 유지하고 싶기 때문에,
살림은 자연스럽게 가장 좋아하는 일이 되었다.
정말 좋아하는 집이나 인테리어를 빛나게 만들기 위해서라고 생각하면
귀찮은 일도 어느새 즐겁게 습관화될 수 있을 것 같다.

정말 좋아하는 집을 깨끗하게 하기 위해서라고 생각하면
가사일도 열심히 할 수 있다

「밀레」 청소기는 10년 이상 사용한 것인데 앞으로도 애용할 생각이다.

나는 내 집을 정말 좋아한다. 그래서 이 집에서 보내는 시간이 무엇보다 즐겁게 느껴진다. 집을 짓고 나서 15년이 지났지만, 그 생각은 변하지 않고 점점 더 좋아지는 것 같다.

내 집을 그 어느 곳보다 좋아하고, 그곳에 있고 싶어서 노력을 아끼지 않고 살림에 몰두하고 있다. 특히 청소는 집을 깨끗하게 유지하기 위해서 빠질 수 없는 부분이다. 특별히 청소 테크닉이 있는 것은 아니지만, 신경 쓰고 있는 것은 더러움이 남지 않게 하는 것. 물기가 있으면 닦고, 지저분해지면 닦고, 먼지는 떨어내고, 바닥먼지는 청소기로 돌리고. 기본은 이 일의 반복이다. 귀찮아지지 않도록 내 나름대로 아이디어를 내거나, 기분 좋게 청소할 수 있는 근사한 디자인 용품이나 사용하기 편한 도구를 마련하거나 하면서 힘내고 있다.

더러움이나 먼지가 눈에 띌 때마다 '아~, 치워야 하는데.'라고 생각하면서 뒷전으로 미루기보다 눈에 띌 때 바로 행동으로 옮기는 것이 좋다. '정말 좋아하는 우리 집을 위해서'라고 스스로를 타이르는 동안 집안일도 점점 즐거운 작업으로 바뀔 것이다.

살림의 3가지 규칙

1 그때그때 청소하고 더러움이 남지 않도록 노력한다

청소를 편하게 하는 방법은 더러운 곳을 그냥 놔두지 않는 것.
더러워졌을 때 바로 닦으면 쉽게 없앨 수 있는 것은 당연하다.
설거지 후 연장선으로 싱크대부터 카운터나 가스레인지까지 청소한다.
세안의 연장선으로 세면대를 닦듯이,
일상생활 속에서 습관화하는 것이 가장 편하다.

2 청소용품은 마음에 드는 것을 선택한다

나는 단순한 인간이라서 써보고 싶은
멋진 청소용품이 있는 것만으로도 청소를 열심히 하는 성격이다.
안 그래도 귀찮은데 좋아하지도 않는 도구를 쓰고 있으면, 의욕도 점점 없어지기 마련.
청소에 대한 동기부여를 높이고, 집을 깨끗하게 유지할 수 있다면,
약간 비싸도 큰마음 먹고 살 만한 가치는 충분하다.

3 눈에 띄는 곳만이라도 깨끗하게 만든다

집안 구석구석까지 항상 깨끗하게 할 수 있다면 최선이겠지만,
이상을 너무 높게 잡아도 버티지 못하고 포기하기 쉽다.
내가 신경 쓰는 곳은 거실 창문 유리, 거울, 스테인리스가 있는 세 장소.
눈에 잘 띄는 포인트만 반짝반짝하게 해 놓아도
집이 깨끗한 느낌이 들고, 상쾌하게 지낼 수 있다.

깃털 먼지떨이 없이는
더 이상 청소가 불가능할 정도로
날마다 하는 청소에 빠지지 않는 아이템이다

청소는 「레데커」의 깃털 먼지떨이로 먼지를 바닥으로 떨어
내는 일부터 시작한다. 디스플레이에 쌓이기 쉬운 먼지도,
깃털 먼지떨이가 있으면 문제없다. 톡톡 털면 먼지가 날리
기 때문에, 먼지를 걸레로 훑어내듯이 사용하는 것이 내 청
소 방법이다.

문 같은 돌출 부분에도 먼지
가 쌓인다. 여기도 같은 방법
으로 먼지를 바닥으로 훑어
낸다는 기분으로 살살 떨어
낸다.

부드러운 타조 깃털이라 구석까
지도 깃털이 닿아서 장식용품
사이사이의 좁은 곳 청소에도
유용하다. 정전기가 잘 일어나
지 않는 것도 매력적이다.

부엌 선반도 잊지 않도록 하
자. 선반 안에 먼지떨이를 살
살 돌려준다는 느낌으로 먼
지떨이를 움직여서 안쪽 먼
지도 훑어낸다.

까만 텔레비전도 먼지가 눈
에 띄는 것 중 하나. 살살 떨
어내면 OK. 스틸 선반도 함
께 청소한다.

창틀도 잊지 말자. 디자인에
약한 타입인 나는 사용하고
있는 도구가 멋지면 신나게
청소를 계속할 수 있다.

청소기 3대를 구분해서 사용한다.
모두 각기 다른 장점이 있기 때문에
3대가 있으면 편리하다

2층 단독주택을 제대로 청소하려면 메인이 되는 큰 청소기
는 반드시 필요하다. 그래도 매일 큰 청소기를 사용하는 것
은 힘들기 때문에, 로봇청소기도 같이 쓰고 있다. 바닥에 떨
어진 머리카락처럼 눈에 띌 때마다 바로 청소할 수 있는 핸
디용도 있으면 편리. 결국 3대를 풀가동하고 있다.

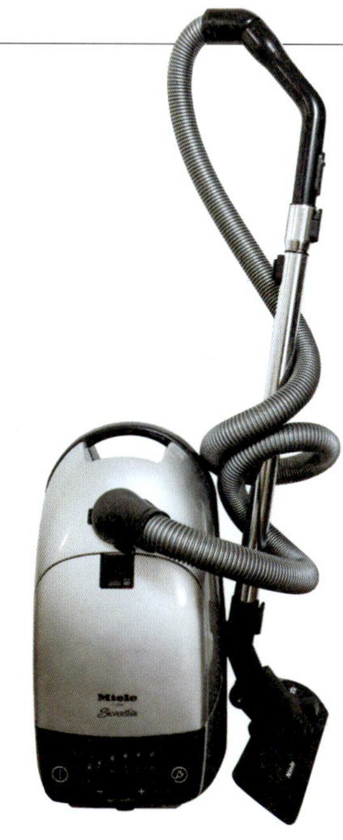

메인 청소기

집안 전체를 제대로 청소하는 것
은 3일에 한 번 정도. 뛰어난 흡
인력을 자랑하는 「밀레」 제품을
사용한다. 바퀴가 360도 회전하
기 때문에 다루기 쉬워서 정말로
편리하다. 10년 동안 점검을 받으
면서 수년째 사용하고 있다. 물론
디자인이 예쁘다는 것도 좋아하
는 포인트.

물건을 치우면서 청소기를 돌
리는 일은 효율이 떨어지기
때문에, 큰 청소기를 돌리기
전에 바닥에 놓여 있는 물건
을 치운다. 잡화류는 테이블
위, 의자는 다다미방, 스툴은
소파 위, 거실 테이블도 세로
로 세우면 준비완료!

서브 청소기

핸디 청소기는 「마키타」 제품. 가볍고
다루기 편해서 좋다. 룸바로는 청소가
안 되는 곳도 할 수 있고 급한 순간 도
움을 주는 파트너이다.

보조 청소기

메인 청소기를 돌리지 않는 날은
로봇청소기 룸바를 가동시켜 하
루에 한 번은 청소기를 돌린 상태
로 만든다. 구석구석까지 청소가
되지는 않기 때문에 어디까지나
보조역할이지만, 부재중에도 청소
해주니 큰 도움이 된다.

물기는 바로 닦는다.
이렇게 하면 물때가 생기지 않아
나중에 편하다

물때는 조금 시간이 지나면 어느새 때가 심해져 없애기 힘들다. 채 마르기 전에 그때그때 닦으면 세제도, 힘도 들지 않는다. 가장 편하고 합리적인 청소법이기 때문에, 다 쓰고 나면 닦기까지의 동작을 일련의 작업이라 생각하며 습관화하고 있다.

설거지를 끝내고 전부 다 닦아서 식기장에 가져다 놓으면 바로 청소 시작! 극세사 행주로 수도꼭지 주변에 튄 물을 한 번 닦는다.

식기 건조대가 스테인리스라서 물때가 눈에 띄기 때문에 같이 닦아준다. 날마다 닦기 때문에 극세사 행주를 사용한다면 세제를 거의 사용하지 않고도 깨끗하게 유지할 수 있다.

테이블, 냉장고, 가스레인지 주변(기름때는 걸레 같은 것으로 먼저 닦아둔다.)도 같은 방법으로 닦아내고 바로 행주 빨기. 합성계면활성제를 사용하지 않고 부엌용 액체비누로 손세탁을 하는 것이 습관이다.

행주는 식기건조대에 걸어서 건조한다. 타월 봉보다 통풍이 잘 되어 금방 마른다. 설거지에서 행주 말리기까지가 식사 이후의 정리이다.

세면실에 타월을 걸어두긴 하지만, 이것과는 별도로 세면대 아래에도 타월을 넉넉히 준비해둔다. 이 타월은 하루에도 몇 장씩 사용한다.

우선 이곳에서 수건을 한 장 꺼낸다. 몇 장씩 거리낌 없이 사용할 수 있도록 비교적 얇고 마르기 쉬운 타월을 준비해두었다.

세안, 이 닦기 등 그때마다 밑에서 타월을 꺼낸다. 나와 남편이 하루에 5~10장 정도 사용하고 있다.

얼굴이랑 손을 닦고 난 후 그 타월로 물기가 있는 타일, 거울, 수도꼭지 주변을 한 번씩 닦는다. 그때그때 닦기 때문에 물때도 끼지 않는다.

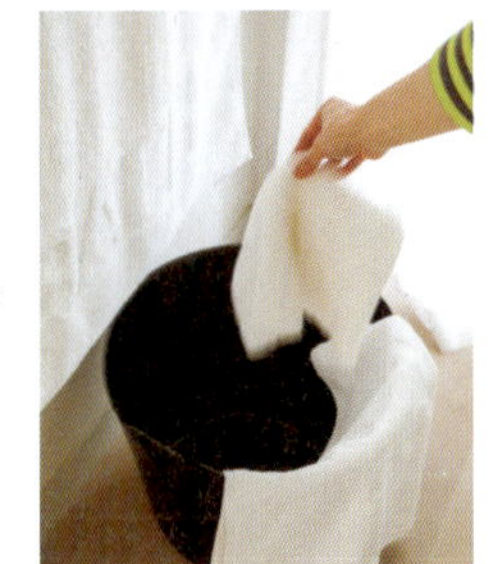

한 번 사용한 타월은 바로 근처에 놓인 빨래바구니에 넣는다. 이것만으로도 세면실은 언제나 반짝반짝하다.

욕실

욕조 옆에는 청소용품이 항상 대기 중이다. 사용하기 편리할 뿐만 아니라 모양도 예쁜 것을 골랐기 때문에 놓아둔 채로 사용해도 OK!

목욕이 끝나면, 즉시 청소를 시작한다. 벽면은 스퀴지로 전체의 물기를 없앤다. 남편도 적극적으로 하는 작업이다.

가장자리에 고인 물은 극세사 행주로 닦아낸다. 욕조 안도 스펀지가 아니라 이 행주로 닦아서 마무리한다.

더러워진 곳이
눈에 거슬릴 때나 대청소처럼
가끔 하는 청소는
집이나 가구를 손보는 시간이다

때가 타지 않게 그때그때 청소하기가 모토라고는 해도, 모든 곳을 항상 청소할 수는 없다. 날마다 못 하는 곳은 가끔씩 하는 청소로 대체한다. 대청소는 10월쯤부터 조금씩 신경 써서 하기 시작하거나 골든위크(일본에서 4월 말부터 5월 초까지 공휴일이 모여 있는 일주일)에 집중적으로 하고 있다.

높은 곳

우리 집은 현관 통풍이 잘 되기 때문에 높은 곳 전용 먼지떨이로 「레데커」 제품을 선택했다. 모양부터 멋진 도구를 골랐는데, 써보고 싶어지는 도구야말로 청소를 즐겁게 만든다.

소파

평상시에는 접착식 롤러로 손질하고 있지만, 가끔은 「머치슨 홈」의 가구용 클리너로 닦아준다. 천 커버인 소파에도 사용할 수 있어 깔끔하다. 병 디자인으로 골랐는데, 친환경 세제여서 계속 사용 중이다.

원목 바닥에 가끔 묻어 있는 얼룩은 물걸레질
만으로는 지워지지 않는다. 알칼리 워시(99쪽
참조)를 녹인 물을 뿌린 후 20초 정도 기다려
때를 불렸다가 닦아내면 깨끗해진다.

가끔 선반을 떼어내서 청소하기도 한다. 깨끗
하게 보여도 알칼리 워시를 녹인 물을 분사해
서 멜라민 스펀지로 문지르면 놀랄 정도로 더
러움이 묻어 나온다. 마지막에는 꽉 짠 행주로
닦아서 마무리하면 끝이다.

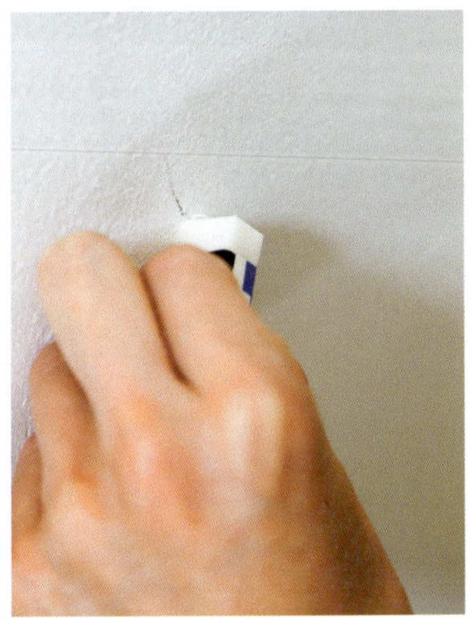

회반죽벽은 닦아서 청소할 수 없기 때문에, 깃
털 먼지떨이로 떨어내거나 전용 브러시 노즐을
끼운 청소기를 자주 이용한다. 검정 선 같은 더
러움은 지우개로 지우면 깨끗해지기 때문에 꾸
준히 자주 작업한다.

창문 청소에는 세제 없이도 더러움을 없애주는 타입의 화장실 브러시를 사용
한다. 창문 전용으로 사용하고 있어서 물을 뿌려 문지르기만 해도 깨끗해진다.
그 다음에 스퀴지로 물기를 없애서 마무리한다. 힘을 가하기 쉬워서 사용하기
편한 「옥소」 제품을 애용하고 있다. 물을 뿌려 한 번 닦을 때마다 스퀴지에 묻
은 물기를 닦아내면, 창문에 닦은 자국도 남지 않고 반짝반짝해진다.

 살림의 작은 습관

생활이 쾌적해지고 날마다 편해지는
가사의 작은 습관을 소개한다

베개커버만이라도 다림질하기

시트나 이불커버까지 다림질한다면 이상적이겠지만, 그렇게까지 하기가
부담스러운 것도 사실. 그래서 하다못해 베개커버 정도는 하자고 생각했
다. 별것 아니지만 이것만이라도 제대로 다림질되어 있으면 깔끔한 느낌
으로 기분 좋게 지낼 수 있다.

동그란 실버 스티커로 표시하기

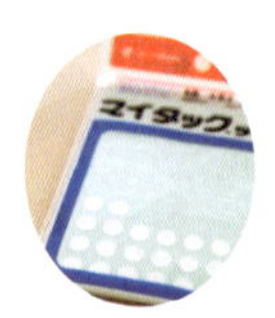

포장이 제각각인 세제나 일회용 콘택트렌즈를 심
플한 용기에 바꿔 넣을 때나 우리 부부가 사용하
는 똑같은 칫솔 등을 구별하기 위해 실버 스티커
를 붙여 표시한다.

바지는 평평하게
쌓을 수 있도록 개기

바지를 딱 맞게 3번 접으면 허리 부분이 두꺼워
져서 포개 놓을 때 그 부분만 높아져 균형이 맞지
않게 된다. 옷가게 직원이 접는 법을 유심히 보고
따라했더니, 말끔하고 평평하게 쌓을 수 있었다.

 → 

바짓단이 허리 쪽에 겹치지
않도록 5cm 정도 조금 아래
위치까지만 반으로 접는다.

그 다음에 다시 절반으로 접
는 것이 아니라, 방금 접은 부
분의 한가운데쯤을 접어서 뒤
집으면 완성.

중인방을 이용해
실내 건조하기

실내 건조를 위해 만든 것은 아니지만,
중인방(벽의 중간 높이에 가로지르는 나
무나 대)은 꽤 유용하다. 세탁전용실까
지 만들 수 없을 때 이런 장소를 만드
는 것도 하나의 방법일지도 모르겠다.
회반죽벽과 원목 바닥 덕분인지 마르는
것도 빠른 것 같다.

가구나 잡화 바닥에
보호용 펠트 붙이기

장식한 잡화 바닥면이나 가구 다리 부
분에는 보호용 펠트를 붙였다. 청소 때
살짝 미끄러지듯 움직여서 편한 데다가
가구나 바닥에 흠집이 생기지 않는다.
일반 펠트에 양면테이프로 붙이기만 하
면 된다.

선반에 넣기 전에
신발 브러싱하기

신발 바닥도 포함해 신발 전체를 대충
이라도 솔질하고 나서 신발장에 넣는
다. 오래 유지할 수 있을 뿐만 아니라
선반도 더러워지지 않는다. 신중하게
생각하고 정말 좋아해서 산 물건들만
있기 때문에 어떻게든 소중하게 오래
쓰고 싶다. 그래서 그렇게 하기 위한 것
이라고 생각하고 열심히 손질한다.

청소용품은 가능한 한 청소할 장소에
가까운 곳에 놓아야
바로 청소를 시작하기 쉽다

세제 없이 더러움을 없애주는 아크릴 손뜨개 수세미는
세면대 전용. 세면실 서랍에 합성수지 케이스를 놓아
전용 수납 장소에 준비하고 있다.

깃털 먼지떨이는 수납 스틸랙에 걸어
둔다. 사용빈도가 높아서 2층 옷장에
도 똑같이 걸어 놓고 청소를 바로 시
작하기 편하도록 했다.

게스트룸 PC 옆에 청소 브러시를 가
져다둔다. 세련된 디자인의 제품을 골
랐기 때문에 일부러 보이도록 놓았다.

침실 거울 뒤에도 청소 브러시를 준비
한다. 화장을 하면 가루가 날리는 경
우가 많아서 바로 청소할 수 있도록
했다.

로봇 청소기 룸바의 충전장소는 거실
과 다이닝 사이. 청소하는 장소의 중
간쯤에 두었다.

「밀레」 청소기는 1, 2층 양쪽에서 사용
하기 때문에 중간쯤이 놓는 위치이다.
정말 좋아하는 디자인이라 꺼내 놓아
도 문제가 되지 않는다.

「마키타」 청소기는 현관에 있는 창고
방 안에 넣었다. 눈에 띄지 않도록 스
틸랙에 후크를 달아 걸었다.

5

My favorite things

인테리어를 좌우하는
물건 고르기

인테리어와 물건 고르기는 매우 밀접한 관계가 있다고 생각한다.
어떤 작은 잡화나 일상용품이라도 인테리어를 구성하는 요소이다.
급하다고 대충 고르지 말고,
정말로 좋아하는 물건을 조금씩, 시간을 들여 마련하는 것이 좋다.

급한 대로 '일단' 사지 않고, 시간을 들여 물건을 고른다

좋아하는 브랜드의 카탈로그를 보는 것도 내게는 즐거운 시간. 차분히 생각해서 구입할지 말지를 정한다.

아무리 인테리어가 근사한 집에 살아도 놓여 있는 물건이 뒤죽박죽이거나 임시로 쓰는 물건이 섞여 있다면, 어쩐지 빛을 발하지 못할 것 같다. 큰 가구는 물론이고 장식하는 잡화, 날마다 사용하는 일상용품 등 작은 물건의 존재도 중요하며, 이 모두가 어울린 상태에서 인테리어가 완성된다고 생각한다.

그래서 물건 고르기는 기운 빼는 일이 아니다. 날마다 볼 물건이기 때문에 디자인도 중요하지만 사용하기 불편하면 결국 쓸모없어진다. 이 집에 산 지 어느덧 15년 가까이 되었는데, 사실 없어서 불편한 적도 있었지만 임시변통으로 물건을 사지 않으려고 노력하며 차분하게 천천히 물건을 장만했다.

기준은 '우리 집에 어울릴까?'라는 것. 아무리 마음에 들어도 놓았을 때 그림이 그려지지 않는 물건은 놓지 않는다. 수납되어 있는 모습, 내가 사용하고 있는 모습, 그것들이 확실하게 우리 집에 딱 맞는다는 확신이 드는 물건만 들이도록 하고 있다.

물건을 고르는 3가지 규칙

10년, 20년 후에도 확실하게 좋아할 수 있는 것을 고른다

1

10대 때에 구입한 식기장, 15년 전에 산 벽걸이 시계.
당시로서는 무리한 가격이었지만 어중간한 것보다 앞으로도 계속 좋아할 수 있을 만한 것이라고 확신했다. 결과적으로 지금도 몹시 마음에 드는 걸 보니 그때의 선택은 분명 옳았던 것 같다. 10년, 20년 후의 내 모습을 상상하면서 앞으로도 계속 좋아할 자신이 있는 물건만을 사는 것이 좋다.

집에 놓으면 어떻게 보일까를 검증하기

2

잡지나 인터넷, 숍을 검색하다 보면 매력적인 다양한 물건과 마주하게 된다. 원하는 물건을 발견하면, '우리 집에 놓았을 때, 어떻게 보일까?' '다른 물건과 잘 어울릴까?'를 먼저 심사숙고한다. 디자인, 편리성, 가격 모두가 만족할 만해도 우리 집에 어울리지 않는다면 그 물건은 미련 없이 포기한다.

세일을 안 한다면 이것을 살지 말지 자문자답하기

3

세일이라는 단어는 정말 매혹적이지만 잘못된 쇼핑의 원인이 되기도 한다. '가격'이 기준이라면 선택할 수도 있겠지만, 제어가 되지 않는 경향도 있다. 이럴 때 '세일이 아니어도 살까?' 하고 스스로에게 묻는다. 가격에 끌려 다니는 것인지, 물건 자체에 끌리는 것인지를 냉정하게 생각해야 한다.

사랑하지 않을 수 없는 마음에 쏙 드는 품목 BEST 5

우리 집에 있는 물건은 모두 다 마음에 들지만, 그중에서도 특별한 BEST 5를 소개한다.
구입했을 당시에는 밑져야 본전이라는 마음이었지만 어느 것 하나 후회는 없다.
이미 오랜 시간 함께 해온 파트너처럼 앞으로도 소중하게 사용하고 싶은 물건들이다.

우리 집을 꾸미는
계기가 된 가구

「파일(File)」 식기장

「파일」을 알게 된 계기가 바로 이 식기장이
었다. 구입했을 때는 아직 10대였는데, 바닥
부터 전부 유리여서 좋아하는 식기를 전부
다 볼 수 있다는 점이 선택의 결정적인 이
유였다. 요즘은 주방 수납장에 있는 모든
식기를 감추어 수납하기도 하지만, 나는 식
기장을 놓는 인테리어를 정말 좋아해서 이
왕이면 제대로 두자는 주의이다.

좋아하는 이유를 말할 수 없을 정도로 좋다!

「아르테미데(Artemide)」 조명

스탠드형의 모습이 아름다운 이 조명은 이탈리아 「아르테미데」 사의 톨로메오(Tolomeo) 시리즈. 새로운 조명을 사려고 여기저기 찾아다니다가도 결국 이 브랜드로 돌아올 정도로 마음에 든다. 거실에 두 개, 주방에 한 개, 침실에 두 개를 조금씩 사서 채웠다. 맨 처음 구입한 것은 15년 사용했는데, 점점 더 좋아지고 있다.

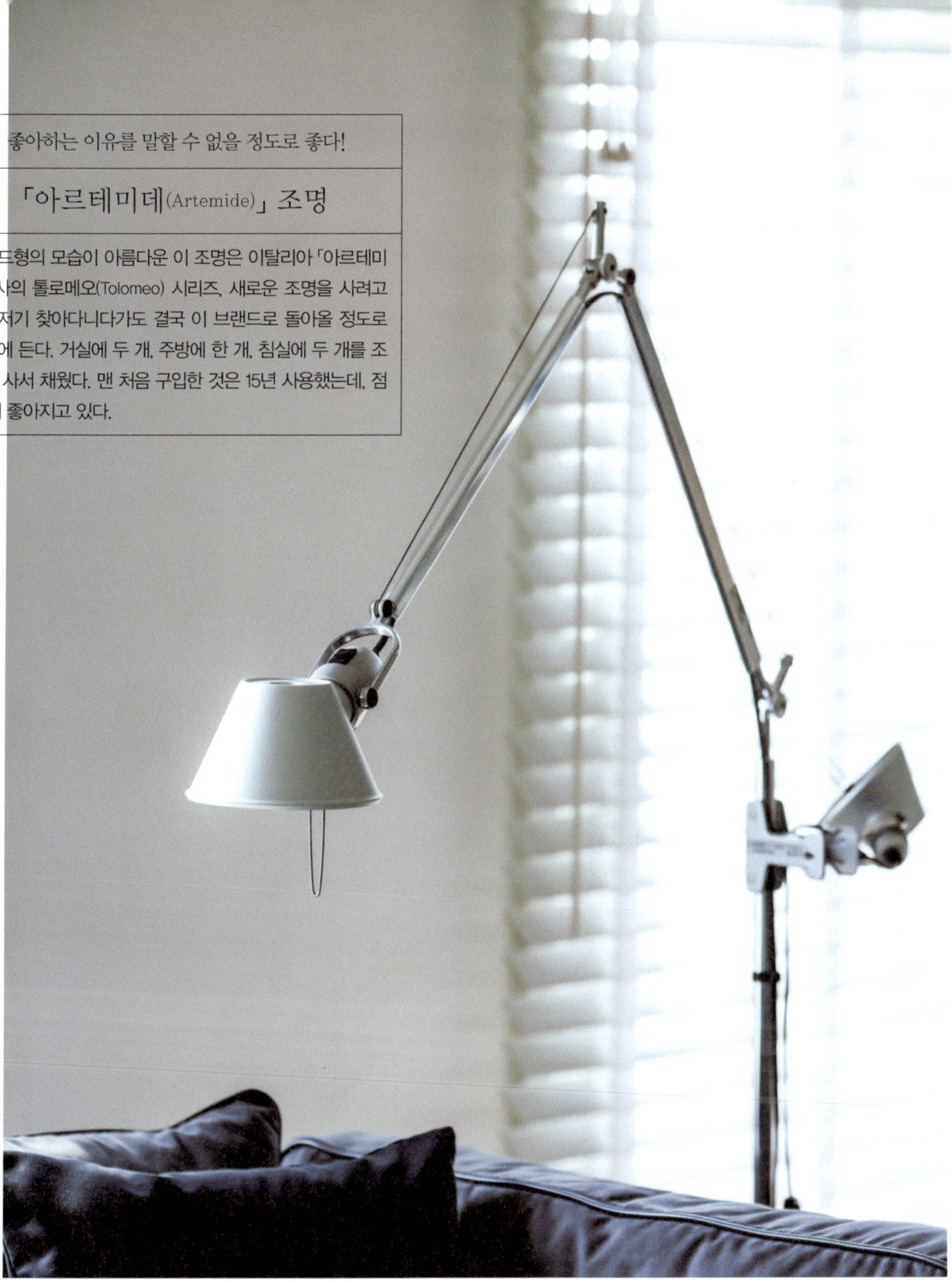

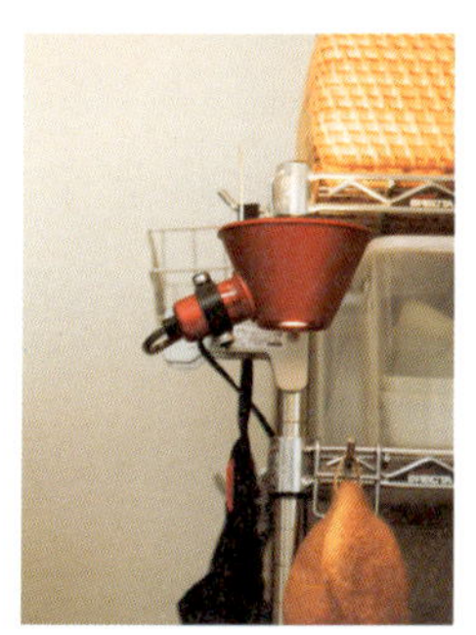

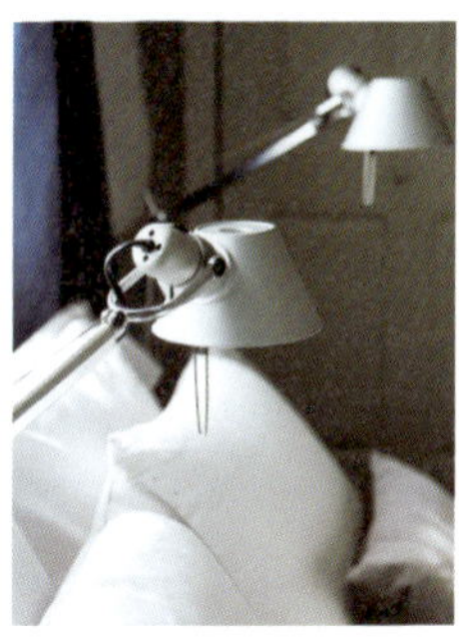

왼쪽: 주방 팬트리 안에도 클립 타입 스탠드가 하나 있다. 클립 타입은 랙이나 책장, 어디든 필요한 곳으로 옮겨 부착할 수 있어 편리하다.
오른쪽: 침실에서는 침대 양쪽에 한 개씩 대칭으로 놓았다. 몇 년 동안이나 날마다 사용하는데도, 언제 봐도 멋지다는 생각이 드는 조명이다.

시계는 이것밖에 눈에 들어오지 않았다

「윤한스(JUNGHANS)」의 맥스빌(Max Bill) 벽시계

정말 고가의 시계라는 생각은 들었지만, 이것밖에 눈에 안 들어올 정도로 마음에 들어 큰마음 먹고 구입했다. 구입하고 15년 가까이 흘렀지만 변함 없이 마음에 든다. 어쩌면 거실에 텔레비전을 놓지 않은 이유가 이 시계의 디자인을 돋보이게 하고 싶기 때문인지도 모르겠다.

다른 부엌칼을 사용할 때마다 뛰어남을 실감한다

「우스토프(Wusthof)」 부엌칼

처음 접했던 것은 14~15년 전. 그때 구입했던 이 검정 손잡이의 고기용 칼은 손에 익숙해서 잡기도 편하고, 젖어도 잘 미끄러지지 않는 데다가 적당한 무게감이 있어 적은 힘으로도 잘 드는 최고의 부엌칼이다. 흰색은 몇 년 전에 구입한 같은 메이커의 제품. 넋을 잃을 정도로 디자인이 예뻐서 구입을 결정했다.

소재와 디자인의 무심함이 좋아하는 포인트

「톨릭스(Tolix)」 스툴

원목 바닥이나 가구, 회반죽벽을 고른 우리 집은 자칫하면
내추럴하고 심심한 분위기의 인테리어가 되기 쉽다. 이곳에
강렬한 악센트를 가져다주는 존재가 바로 이 스툴. 프랑스
「톨릭스」 사 제품이다. 물건을 놓을 받침대나 접사다리 대신
으로도 유용하게 활용하고 있다.

항상 재구매하는 소모품

이것저것 사용해본 결과, 재구매하는 소모품을 소개하겠다.
청소, 세탁처럼 매일 해야 하는 집안일이 좋아질 수 있도록
디자인은 잠시 접어두고, 실용적이면서 쓰기 좋은 물건을 선택한다.

은은한 향기에 눈을 뜬 계기로

「런드레스(The Laundress)」 유연제

섬유업계에서 일했던 패브릭 전문가가 패브릭을 사랑하는 사람들을 위해 만들었다는 스토리에 끌렸다. 포장이 세련된 점도 처음에 구입하게 된 이유였다. 소량으로도 부드럽게 마무리되고 은은한 향기가 마음에 들어서 꾸준히 재구매하고 있다.

미리 사두어도 포장이 예뻐 신난다

「산타마리아노벨라(Santa Maria Novella)」 비누

바디용으로 애용하고 있는 비누는 액체타입이 아니라 예전부터 계속 사용하고 있는 고형제품. 피렌체에 있는 세계 최고의 약국이라고 불리는 「산타마리아노벨라」의 비누는 거품이 쉽게 나고 씻고 나서도 촉촉함이 남아 피부가 건조한 남편도 대만족이다. 정평이 나 있는 고급스러운 향기가 좋아하는 포인트이다.

「케유카(KEYUKA)」 스펀지

부엌에는 흰색 혹은 검정색 용품밖에 놓지 않는데, 스펀지는 화려한 색상이 많아 곤란했었다. 그러다가 「케유카」에서 이 스펀지를 발견한 이후부터 꾸준히 재구매하는 상품이 되었다. 소모품이라서 적당한 가격도 고맙다. 흰색 스펀지는 소프트, 검정 스펀지는 하드 타입이라 둘 다 구비해 놓고 구분해서 사용한다.

「힘라(HIMLA)」 키친타월

식기는 자연 건조시키지 않고 전부 다 닦아서 마무리하는 것이 습관. 그래서 흡수성이 좋은 것과 그릇에 섬유가 남지 않아야 하는 것이 키친타월에 요구되는 절대 조건이다. 여러 가지를 사용해본 결과 드디어 찾은 것이 북유럽 패브릭 메이커 「힘라」. 아직까지 일본에서 이런 제품을 찾지 못한 것이 유감이다.

「치노시오샤(Chinoshiosya)」 가정용 세정제

계면활성제를 사용하지 않는 세정제 '알칼리 워시'. 기름때에 강하기 때문에 물에 풀어서 스프레이 용기에 넣은 후 가스레인지나 바닥 청소에 사용하고 있다. 피부나 환경에 좋다는 점도 마음에 든다. 바닥은 가끔 고양이가 핥기도 하기 때문에 신경 써서 사용하고 있다.

「다이셀(DAICEL Finechem)」 배수구 거름망봉투

싱크대 배수구의 거름망 청소는 귀찮은 일 중 하나였는데, 어느 날 거름망 자체가 필요 없는 봉투를 발견해 애용하게 되었다. 별도판매도 되는 본체 링에 봉투를 걸어 고정시키면 거름망이 필요 없어진다. 사소한 물건이지만 날마다 하는 집안일이 편해진다.

문의가 넘치는 인기 품목

애용하는 용품을 블로그에 소개하면 독자들로부터 이런저런 문의를 받곤 한다.
인기 품목이라고 하기엔 좀 다른 의미일지도 모르겠지만,
반응이 좋았던 상품을 소개하겠다.

병 내부를 말끔하게 닦을 수 있어서 기분 좋다!

「푸조(PEUGEOT)」 디켄터 클리너

디켄터 클리너(Decanter Cleaner)는 와인 디켄터를 씻기 위해 만들어진 제품이지만, 나는 집에서 만든 엑기스 같은 것을 담는, 입구가 좁은 병을 이것으로 씻는다. 안에 들어 있는 작은 은색 구슬을 병에 넣고 세제와 함께 흔들기만 하면 끝. 케이스도 구슬을 꺼내고 넣기 쉬운 모양으로 되어 있고, 물기도 뺄 수 있는 뛰어난 제품이다.

발에 밀착되어 계단에서도 발자국 소리가 나지 않는다

「킷츠 피힐러(Kitz-Pichler)」 슬리퍼

15년 가까이 교체하면서 사용하고 있는 호주산 울 슬리퍼. 우리 집은 원목 바닥이라서 슬리퍼와 바닥과의 마찰이 심하다. 다른 제품을 사용했다가 슬리퍼 바닥에 구멍이 생긴 적도 있었지만, 이것은 오래 신을 수 있었다. 여름에도 땀이 나지 않고, 또 세탁이 가능하다는 점도 매력적이다.

「디자인레터스(DesignLetters)」 머그잔

해외 인테리어서 자주 눈에 띄는 머그잔. 우리 집 다이닝에 있는 세븐체어를 디자인한 아르네 야콥센이 만든 활자가 프린트되어 있다. 그래서인지 우리 집 분위기와도 잘 어울린다. 확실한 흑과 백의 대비 덕택에 공간이 돋보이는 것 같다.

「이딸라(iittala)」 서빙 플래터

'제대로 활용하지 못하는데, 다양한 연출 방법을 보여주었으면 좋겠다'는 독자 요청을 받은 적도 있는 트레이. 핀란드 디자이너 알바 알토(Alvar Aalto,1898~1976)의 꽃병을 본 딴 디자인이여서 북유럽 잡화와 궁합이 잘 맞는다. 장식한 물건을 돋보이게 하고 세련되게 만든다.

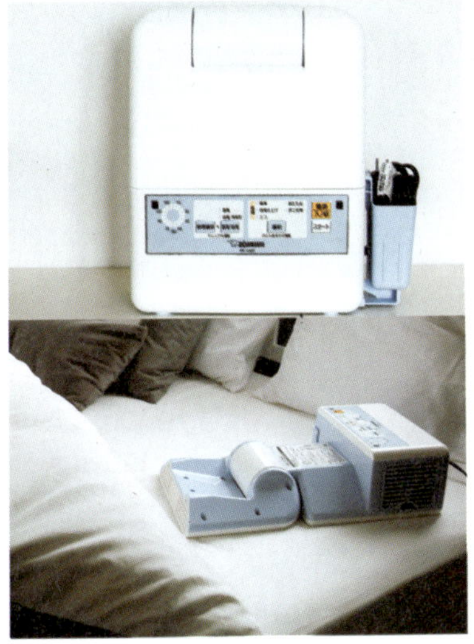

「조지루시(ZOJIRUSHI)」 이불 건조기

나는 일 년 내내 하루도 거르지 않고 이불건조기를 사용한다. 전에는 봉투를 펼치는 타입의 제품을 사용했었는데, 봉투를 이불 밑에 깔아 넣고 호스와 연결했다가 끝나고 나면 접어야 하는 등 손이 많이 가서 불편했었다. 이 제품은 호스도 봉투도 접을 필요도 없어서, 그 부담을 한 번에 없애주었다.

엄선해서 고른 애용하는 가전제품

공간 안에서 의외로 눈에 띄는 가전제품. 요즘은 디자인이 멋진 물건도 많아졌다.
기능을 꼼꼼하게 체크하며 멋진 가전제품을 고르는 일도
사실은 정말 좋아하는 취미 중의 하나. 신중하게 선택한다.

<table>
<tr><td>

한 대 더 살 정도로 홀딱 반하다

「제네바(GENEVA)」 사운드 시스템

오디오 관련 제품을 고르는 것도 두근두근 설렌다. 이 사운드 시스템은 디자인은 물론 뛰어난 음질에 홀딱 반해서 구입했다. 블루투스가 가능한 스마트폰이나 PC 등이 있으면 무선으로 소리를 연결할 수 있다. 침실용에 이어서 게스트룸용까지 구입했다.

</td><td>

케이크 만들기도 즐겁고 편하게

「키친에이드(KitchenAid)」 핸드믹서

미국 홈페이지를 보면서 '이것을 일본에서 살 수 있다면!' 하고 노리고 있었던 제품. 기능미를 풍기는 디자인뿐만 아니라 이따금 우리 집 악센트로 등장하는 빨강과 그레이의 색상 조합도 포인트였다. 매력은 더할 나위 없고, 시폰 케이크를 만드는 일도 즐거워졌다.

</td></tr>
</table>

언뜻 봐서는 가습기인지 잘 모른다는 점이 포인트

「발뮤다(BALMUDA)」 가습기

거실의 눈에 띄는 장소에 꺼내 놓은 채 사용해야만 하는 가습기. 디자인이 중요하기 때문에 가전제품답지 않은 이 디자인에 끌렸다. 항아리에 물을 붓는 듯한 느낌으로 상부 중앙부분에 급수한다. 스위치 버튼을 포함해서 시원시원할 정도로 말끔한 디자인이 마음에 든다.

오랫동안 애착을 가질 수 있는 것을 최우선으로

「자콥젠슨(Jacob Jensen)」 전화기

집 전화는 거의 사용하지 않아서 아주 저렴한 제품을 구입하려고 했지만, 가격만으로 고르면 후회할 것 같아서 북유럽 제품으로 겨우겨우 방향전환. 부재중전화 기능도 없고 무선전화도 아니지만 오래 사용한다는 것을 전제로 디자인이 아름다운 쪽을 선택했다.

디자인, 색상, 소재감, 모두가 취향

「워링(Waring)」 블렌더

블렌더는 늘 사용하기 편한 상태로 준비해 놓아야 할 가전제품 중 하나이다. 카운터 위에 두면 존재감이 크기 때문에 디자인도 굉장히 중요했다. 실버×블랙, 거친 소재감, 라벨로고, 스위치의 사용감, 모두 다 취향에 딱 들어맞는 아이템이다.

활용도 높은 테이블 웨어

어떻게 하면 테이블 장식을 예쁘게 할 수 있을지 생각하는 것을 좋아하기 때문에,
그동안 모아 놓은 식기를 조합하면서 식탁 장식을 바꾸는 일은 즐거운 작업이다.
자주 하는 아이템을 5가지 엄선해서 소개하겠다.

고급스러운 느낌이 있지만, 손쉽게 사용할 수 있다

「칠리위치(Chilewich)」테이블 매트

테이블 매트는 일상생활에서 가장 많이 사용하는 아이템이
다. 그동안 많이 모았지만 하나만 고르라고 한다면 이 「칠리
위치」제품을 선택하겠다. 비닐 소재지만 고급스러운 느낌도
나고, 닦거나 세탁도 가능하고, 리넨 같은 천 제품과 달리 다
림질할 필요도 없다. 특히 올리브 갈색은 테이블의 포인트가
되고, 식기와 요리를 돋보이게 해줘서 사용빈도가 높다.

접대할 때(위)는 테이블보 위에 깔고, 평
소 저녁식사 때(아래)는 테이블에 직접
깐다. 어떤 상황에서도 매트는 깐다.

「유니티(UNITEA)」 스트레이너 홀더

원래는 티 스트레이너 홀더지만 식기로 빈번하게 애용하고 있다. 유리가 이중이라 요리가 예쁘게 보이고, 뭔가 신경 쓴 듯 품격 있어 보인다. 한입 크기의 애피타이저나 과자, 디저트에 잘 어울리고, 500엔 남짓의 싼 가격으로도 보이지 않아 자주 사용한다.

요 근래 했던 접대. 아보카도 & 새우로 만든 단골 전채요리를 화려하고 특별하게 보이게 해줘서 큰 도움이 되는 아이템이다.

「이딸라(iittala)」 가스테헬미 스탠드 볼

북유럽 인기 브랜드 「이딸라」 제품 중에서도 빗방울을 연상시키는 예쁜 유리가 좋아서 구입한 가스테헬미(Kastehelmi). 손잡이가 있어서 특별한 느낌을 주고, 요구르트나 과일을 담기만 해도 세련된 느낌이다. 테이블 장식은 높낮이에 차이를 주면 화사해지기 때문에 접대에도 안성맞춤이다.

어느 날 아침식사로 과일을 담아서. 크리스마스 파티 때는 오브제나 말린 무화과 같은 간식을 담아서 테이블에 놓았다.

「피숑(PICHON)」 플레이트

처음에 산 몇 장은 15년 이상 사용하고 있다. 흰색과 베이지의 심플한 제품이라 접시의 두께나 유약을 칠한 방법 등 디테일이 돋보인다. 핸드메이드 특유의 따뜻함이 있고, 뉘앙스가 있는 색상 조합이나 고급스러움 등 말로 표현할 수 없는 매력이 있다.

대접할 때는 반드시 「피숑」을 사용한다. 요리의 레벨이 올라가는 듯 보이기 때문에 테두리가 있는 접시는 나만의 특별한 아이템이다.

「티마(Teema)」 볼

왜 인기가 있는지 써보면 절로 이해되고, 날마다 손이 가는 「티마」 시리즈. 오차즈케(녹차에 밥을 말아먹는 일본요리)에 사용하거나 국자를 놓는 그릇으로 쓰기도 한다. 튼튼해서 들기 편하고 씻기도 쉬워서 손쉽게 사용할 수 있다 보니 더 자주 사용하게 되었다. 여러 색상이 있지만 흰색이 가장 귀여운 것 같다.

포토푀(pot-au-feu, 쇠고기와 여러 채소를 함께 넣고 푹 끓인 프랑스요리)나 급할 때 혼자 먹는 즉석카레를 담는 등 「티마」 시리즈 중에서도 볼의 활용 빈도가 높은 편이다. 트레이나 접시에 놓으면 카페 분위기가 난다.

크리스마스와 설날은 역시 테이블 장식이 메인이벤트다.
당일 전에 시뮬레이션을 할 정도로 온 힘을 쏟는다

크리스마스

크리스마스를 정말 좋아해서 친구들이나 시어머니를 초대해 파티를 여는 일이 요즘 일상이 되어버렸다. 요리 과정에 너무 자신이 없어서 준비하는 모습은 다른 사람들에게 차마 보여줄 수 없는 지경이지만, 그래도 파티를 좋아해 그만둘 수는 없다. 모처럼 마음에 드는 그릇을 가지고 있어도 사용하지 않는다면 아깝기 때문에, '이때다' 하고 이것저것 꺼내서 장식도 열심히 하고 있다.

설날

일본인으로 태어난 이상 설날도 중요하게 여기는 행사다. 오세치(정월에 먹는 요리)는 몇 가지 구입하는 것도 있지만 대부분 직접 만들고 있다. 요즘은 양가 어른들 분량까지 열심히 만들기도 한다. 모처럼 오세치 요리를 준비하는데 예쁘게 하고 싶기도 하고, 부부 둘만을 위해서 장식할 때도 제대로 하는 것을 즐긴다.

column 8 크리스마스 인테리어

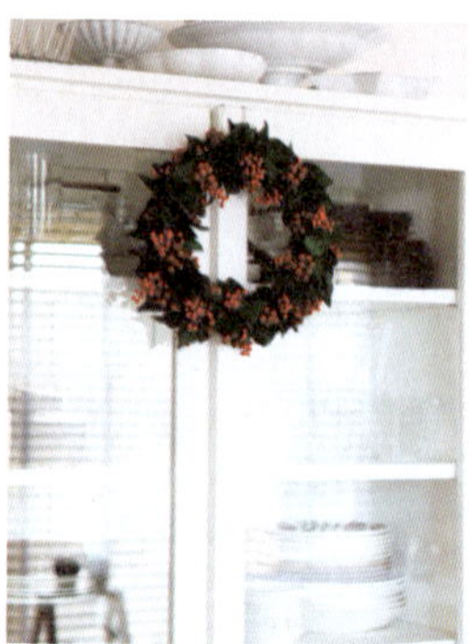

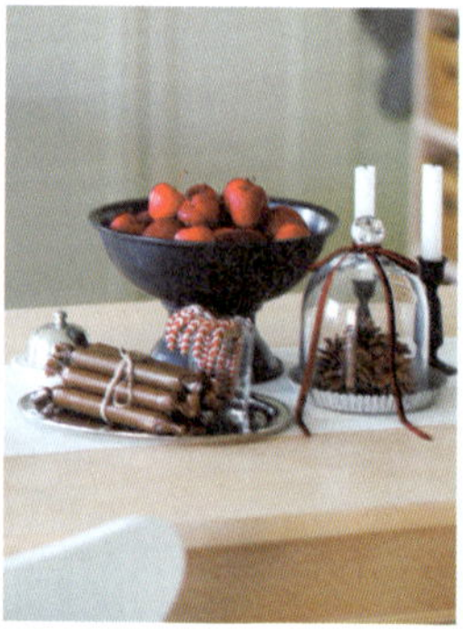

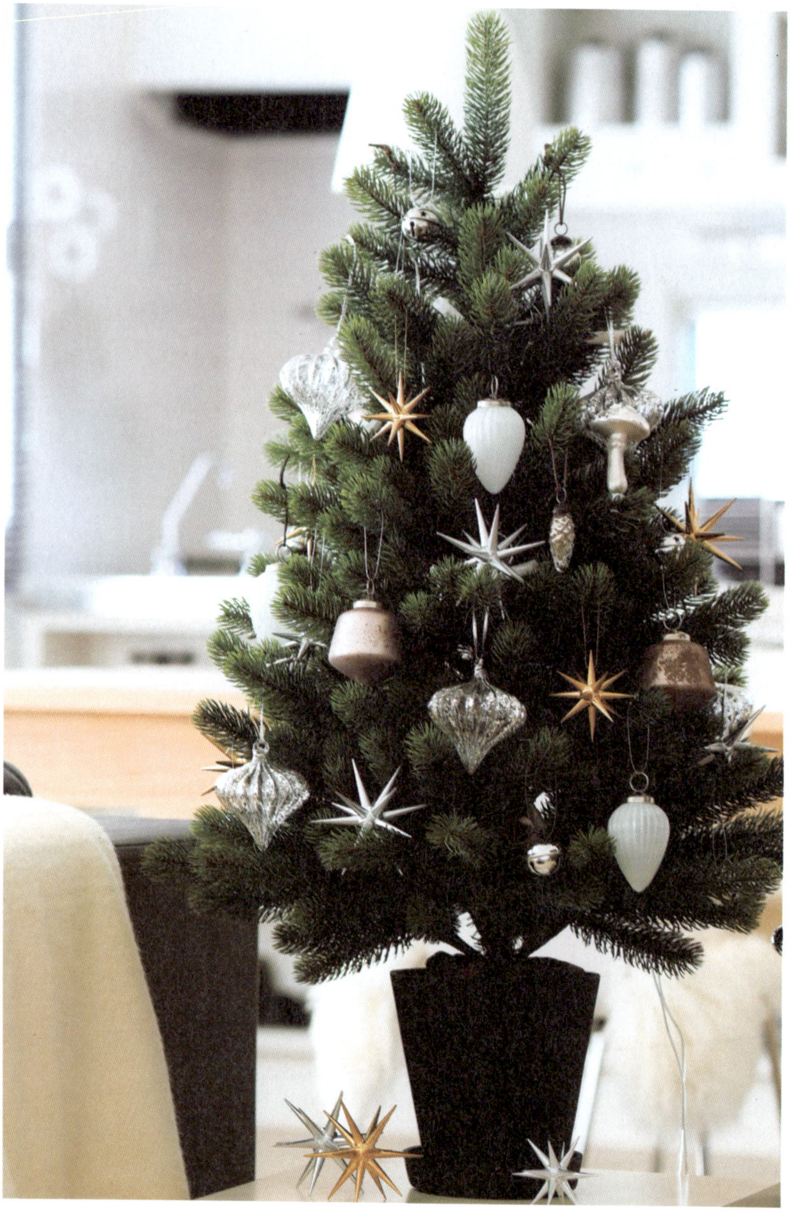

크리스마스 트리는 높이 90cm 정도의 것으로 소파 옆 작은 체스트 위에 놓는다. 나뭇가지의 느낌이 좋고 수납할 때 너무 크지 않은 것을 고려해서「플라스티플로어」트리를 구입했다.

위: 리스는 눈에 잘 띄는 위치에 장식하고 싶어서 식기장 문에 두었는데, 열고 닫기 좋도록 한쪽 문 위에 후크를 걸었다.
아래: 사과의 빨강은 크리스마스다운 색상. 컴포트 접시에 놓아서 테이블에 둔다.

크리스마스 데커레이션을 하고 조명이나 캔들을 켠 모습. 빛으로 데커레이션을 고조시킨다.

왼쪽 위: 해외 인테리어 사진에서 나뭇가지 등에 무심한 듯 크리스마스 오너먼트를 걸어 두었기에 따라해봤다.
왼쪽 아래: 현관에 스툴을 놓고 랜턴을 둔다. 밑에 놓은 빨간 외국서적으로 크리스마스 분위기를 연출했다.
오른쪽 위: 시판용 페이퍼 오너먼트나 망사 천으로 직접 만든 오너먼트, 유리 오너먼트 등을 천장에 걸어 위쪽으로도 시선이 가도록 했다.

오랫동안 크리스마스 기분을 느끼고 싶어서 2개월 가까이 시간을 들여 천천히 준비한다

우리 집 크리스마스 준비는 10월쯤부터 시작된다. 그 정도로 나는 크리스마스 데커레이션을 아주 좋아한다. 모처럼의 화려한 시즌이라서 오랫동안 즐기고 싶은 것이다. 여러 상상을 하면서 그 해의 크리스마스 장식을 결정하는 것은 내 소중한 취미 중 하나이다.

트리나 리스는 가장 크리스마스다움을 즐길 수 있는 아이템. 매년 참신하기가 쉽지 않아서 트리는 진짜라고 해도 손색이 없을 정도의 시각에서 고르고, 리스는 프리저브드로 만든 것으로 했다. 트리에 장식하는 오너먼트는 실버, 골드, 유리제품 등 화려하지만 시크하고 어른스러운 분위기가 나는 물건을 고르는 경우가 많아졌다.

그것만으로 끝나지 않고 자주 디스플레이를 바꾸는 거실 선반 위나 테이블 위, 그리고 거실 천장이나 현관에도 조금씩 크리스마스 색상을 늘려가면서, 내가 크리스마스를 좋아한다는 티를 낸다. 한 번에 바꾸는 것이 아니라 천천히 준비하고, 조금씩 크리스마스 기분을 돋우는 것이다.

마치며

내가 사는 집이 완성되고 나서, 어느덧 15년이 되어가고 있다. 그때는 이 집을 무대로 한 권의 책이 만들어질 수 있을 거라고는 전혀 상상하지도 못했었다.

5년 전에 '히요리의 모든 것'이라는 블로그를 시작하면서 멋진 만남이 많이 생겼다. 많은 분들이 내가 좋아하는 것이나 내 취향에 대해 공감하면서 관심을 가져주었다. 그런 분들 덕분에 즐겁고 충실하게 블로그 생활을 할 수 있었고, 이렇게 책을 낼 기회도 생긴 것 같다. 정말 감사한 일이다.

집과 그곳에서의 생활을 엮은 블로그가 다른 사람과의 인연을 이어준 것이라고 생각한다. 집에서의 생활을 즐기는 일이 결과적으로 나를 넓은 세계로 이끌어주었다. 날마다 집에서의 생활을 즐길 수 있다면 생활 전체에 좋은 영향을 준다고 확신한다. 그래서 이 책을 계기로 '내가 좋아하는 집, 좋아할 것 같은 집을 만들자'라는 기분이 누군가에게 전해진다면 기쁠 것 같다.

마지막으로 책을 내게 된 것을 누구보다도 기뻐하고 응원해준 남편, 지지해준 가족과 친구, 작가 카토 씨, 카메라맨 후지 씨, 디자이너 노자와 씨, 미츠시마 씨, 마이나비의 렌미 씨, 이 책 출판에 관계한 모든 분들, 또 내 블로그를 방문해준 모든 분들께 마음 깊이 감사의 말을 전하고 싶다. 모두들 정말 고맙습니다.

Shop & Brand List

이 책에 소개된 숍과 브랜드에 대한 간단한 정보를 가나다순으로 모았습니다. 영어 스펠링까지 정확히 담았으니 인테리어 관련 정보를 검색할 때 유용하게 사용해보세요.

킷츠 피힐러(Kitz-Pichler): 오스트리아 울 소재 생활 잡화 브랜드

다이셀(DAICEL Finechem): 일본 일용품 및 합성수지 화학 브랜드

디자인 레터스(Design Letters): 덴마크 브랜드

런드레스(The Laundress): 뉴욕 친환경 패브릭 코스메틱 브랜드

레데커(REDECKER): 독일 친환경 브러시 브랜드

루미나라(LUMINARA): 미국 LED 조명 브랜드

룸바(Roomba): 미국 로봇청소기 메이커

마키타(Makita): 일본 종합전동도구 메이커

머치슨 흄(Murchison-Hume): 호주 하우스클리닝용품 브랜드

메뉴(Menu): 덴마크 리빙웨어 브랜드

무인양품(MUJI 無印良品): 일본 생활용품 브랜드

무토(muuto): 덴마크 인테리어 브랜드

밀레(Miele): 독일 가전 브랜드

발뮤다(BALMUDA): 일본 에어컨디셔닝 계열 제품 브랜드

산타마리아노벨라(Santa Maria Novella): 이탈리아 오가닉 코스메틱 브랜드

아르네 야콥센(Arne Jacobsen): 덴마크 건축가 겸 디자이너

아르테미데(Artemide): 이탈리아 조명 회사

아스티에 드 빌라트(Astier de Villatte): 프랑스 수공예 도자기 브랜드

앤트레디션(&Tradition): 덴마크 조명 브랜드

옥소(OXO): 미국 생활용품 전문 브랜드

우스토프(Wusthof): 독일 칼 브랜드

워링(Waring): 미국 부엌가전 전문 브랜드

웨스트(WEST): 건축 금속제품, lock 메이커 회사

유니티(UNITEA): 일본 킨토(KINTO)사의 티웨어 브랜드

윤한스(JUNGHANS): 독일 시계 메이커

이딸라(iittala): 핀란드 리빙웨어 브랜드

이와키(iwaki): 일본 내열유리식기, 보존용기 브랜드

이케아(IKEA): 스웨덴 DIY 가구 브랜드

자콥젠슨(Jacob Jensen): 덴마크 디자이너

제네바(GENEVA): 스위스 스피커 전문 브랜드

조지루시(ZOJIRUSHI): 일본 전기 가정용품 브랜드

치노시오샤(Chinoshiosya 地の塩社): 일본 가정용 세정제 브랜드

칠리위치(Chilewich): 미국 테이블 매트 브랜드

케유카(KEYUKA): 일본 생활잡화 및 인테리어 브랜드

케흘러(KÄHER): 덴마크 도자기 메이커

크리스텔(CRISTEL): 프랑스 냄비 브랜드

킬너(KILNER): 영국 저장용품, 유리 용기 브랜드

텁트럭스(Tubtrugs): 영국 생활용품 브랜드

톨릭스(TOLIX): 프랑스 가구 브랜드

티마(Teema): 핀란드 주방용품 브랜드

파일(File): 일본 인테리어 숍

푸조(PEUGEOT): 프랑스 와인글라스, 액세서리 전문 브랜드

플라스티플로어(PLASTIFLOR): 독일 글로버 무역회사

플루멘(PLUMEN): 영국 전구 브랜드

피숑(PICHON): 프랑스 전통공예 도기 브랜드

헤이(HAY): 덴마크 가구 브랜드

홀메가드(Holmegaard): 덴마크 유리 브랜드

힘라(HIMLA): 스웨덴 패브릭 브랜드

"HIYORIGOTO" NO SIMPLE & WHITE INTERIOR by Hiyori
Copyright © 2014 Hiyori
All rights reserved.
Original Japanese edition published by Mynavi Publishing Corporation
This Korean edition is published by arrangement with Mynavi Publishing Corporation, Tokyo
in care of Tuttle-Mori Agency, Inc., Tokyo through Botong Agency, Seoul.

이 책의 한국어판 저작권은 Boton Agency를 통한 저작권자와의 독점 계약으로 황금부엉이가 소유합니다.
신 저작권법에 의하여 한국 내에서 보호를 받는 저작물이므로 무단전재와 무단복제를 금합니다.

심플&화이트 인테리어
SIMPLE&WHITE INTERIOR

2016년 2월 12일 초판 1쇄 인쇄
2016년 2월 19일 초판 1쇄 발행

지은이 | 히요리
옮긴이 | 안은희
펴낸이 | 윤정희
펴낸곳 | (주)황금부엉이

주소 | 서울시 마포구 양화로 127 (서교동) 첨단빌딩 5층
전화 | 02-338-9151
팩스 | 02-338-9155
인터넷 홈페이지 | www.goldenowl.co.kr
출판등록 | 2002년 10월 30일 제 10-2494호

본부장 | 홍종훈
편집 | 조연곤
교정교열 | 주경숙
본문디자인 | 윤선미
전략마케팅 | 구본철, 차정욱, 나진호, 이동후, 강호묵
제작 | 김유석

[일본판 제작 스텝]
북디자인 | Kyoko Nozawa, Saki Mitsushima
　　　　　　(Permanent Yellow Orange)
촬영 | Akira Fuji
　　　　Hiyori(8쪽의 서적, 28 · 42 · 43 · 61 · 63 · 65쪽의 Arrange,
　　　　54 ~ 55쪽, 104 ~ 106쪽의 실제 사례 이미지, 107 ~ 109쪽)
방 배치 일러스트 | Nobuyuki Nagaoka
편집 · 글 | Kyoko Kato
편집 | Saho Hasumi(Mynavi Publishing Corporation)
DTP | STOL
교정 | Maiko Tanaka

ISBN 978-89-6030-449-9 13590

＊ 값은 뒤표지에 있습니다.

＊ 잘못된 책은 구입하신 서점에서 바꾸어 드립니다.

심플&화이트 인테리어
SIMPLE&WHITE INTERIOR